RPB electronic-taschenbücher

Dieter Nührmann

Transistoren und Dioden in der Hobbypraxis

Eine leichtverständliche Einführung in die Praxis
mit vielen Beispielen und wenig Theorie

Mit 104 Abbildungen

2., verbesserte und erweiterte Auflage

Franzis'

Nr. 148 der RPB-electronic-taschenbücher

CIP-Kurztitelaufnahme der Deutschen Bibliothek

Nührmann, Dieter:
Transistoren und Dioden in der Hobbypraxis: E. leicht verständl. Einf. in. d. Praxis mit vielen Beispielen u. wenig Theorie / Dieter Nührmann. – 2., verb. u. erw. Aufl. – München: Franzis-Verlag, 1985.
(RPB-electronic-taschenbücher; Nr. 148)
ISBN 3-7723-1482-1

Druck: Offsetdruckerei Hablitzel, Dachau
Printed in Germany. Imprimé en Allemagne.

ISBN 3-7723-1482-1

Zum Geleit für dieses Buch

lesen Sie doch diese Zeilen einmal. Wissen Sie, so ganz ohne ist dieser Titel nicht!

„Transistoren und Dioden in der Hobbypraxis"
heißt er und – ehrlich gesagt – damit fangen sowohl der Profi als auch meine vielen Freunde, die Hobby-Elektroniker, an. Das läßt sich nun mal nicht verleugnen, daß ohne Dioden und Transistoren in der Elektronik nichts anzufangen ist.

Nun wollen wir hier gemeinsam in dieser Sache – der Profi sagt Halbleitertechnik dazu – einmal einsteigen. Mir liegt es nun einmal, das Ganze von der praktischen Seite her aufzuzäumen. Deshalb fehlt die Theorie, weshalb z. B. sich irgendwelche freien Elektronen mit einem Löcherleitmechanismus einlassen, oder sonst dergleichen. Vielmehr steht geschrieben, wie es in der Praxis aussieht und was Sie in der Praxis aus Diode und Transistor machen können.

...Und das ist doch eine gute Sache – oder?

In diesem Sinne: Viel Spaß mit
„der Diode und dem Transistor".

Dieter Nührmann

Wichtiger Hinweis

Die in diesem Buch wiedergegebenen Schaltungen und Verfahren werden ohne Rücksicht auf die Patentlage mitgeteilt. Sie sind ausschließlich für Amateur- und Lehrzwecke bestimmt und dürfen nicht gewerblich genutzt werden*).
Alle Schaltungen und technischen Angaben in diesem Buch wurden vom Autor mit größter Sorgfalt erarbeitet bzw. zusammengestellt und unter Einschaltung wirksamer Kontrollmaßnahmen reproduziert. Trotzdem sind Fehler nicht ganz auszuschließen. Der Verlag und der Autor sehen sich deshalb gezwungen, darauf hinzuweisen, daß sie weder eine Garantie noch die juristische Verantwortung oder irgendeine Haftung für Folgen, die auf fehlerhafte Angaben zurückgehen, übernehmen können. Für die Mitteilung eventueller Fehler sind Autor und Verlag jederzeit dankbar.

---

*) Bei gewerblicher Nutzung ist vorher die Genehmigung des möglichen Lizenzinhabers einzuholen.

Inhalt

1 Die Halbleiterdiode

1.1 Die Halbleiterdiode

Die Halbleiterdiode ist, wie der Transistor, für den Elektroniker ein sehr wichtiges Bauelement. Sie wird für verschiedene Zwecke in der Elektronik eingesetzt. So z. B. zum Gleichrichten der Radiohochfrequenzsignale in die gewünschten Tonfrequenzsignale (Demodulationsvorgang). Sie wird sehr häufig auch als elektronischer Schalter benutzt, als Netzgleichrichter, in der Computertechnik und für viele weitere Anwendungen. Es lohnt sich deshalb, daß wir uns mit diesem teilweise sehr kleinen Bauelement ausführlich beschäftigen und seine Eigenarten verstehen lernen.

1.2 Ein paar Worte zu den Bauteilen

Bei jeder elektronischen Schaltung sind Typenbezeichnungen zu den Bauteilen angegeben. Da steht z. B. „Germaniumdiode AA 143“. Wichtig ist hier vorerst nur die Bezeichnung Germaniumdiode. Der Typ AA 143 ist für unsere Versuche insofern zunächst bedeutungslos, als daß die Typenauswahl der Dioden sehr groß ist und wir nicht immer sofort den angegebenen Typ erhalten können. Für unsere Grundlagenversuche kommt es nur darauf an, daß wir eine Germaniumdiode ähnlich dem Typ AA 143 erhalten. Wenn wir später in der Elektronik zu Hause sind und dann für eine spezielle Schaltung ein bestimmtes Bauelement benötigen, so müssen wir allerdings überlegen, ob ein evtl. Ersatztyp die gleichen Daten aufweist. So ist z. B. eine Kapazitätsdiode für die Mittelwellenabstimmung nicht für die UKW-Abstimmung geeignet. Wir werden dann auch feststellen, daß eine Leistungsdiode eines Netzgleichrichters nicht geeignet ist, als schnelle Schaltdiode in einem Computer zu arbeiten. Für unsere Versuche würden wir jedoch in beiden Fällen die gleichen Ergebnisse erhalten.

1.2.1 Etwas Einführung in die Praxis

Eine Diode hat zwei Anschlußpole, von denen der eine Katode und der andere Anode heißt. Ein Stromfluß kommt in der Diode nur dann zustande, wenn der positive Pol der Batterie an der Anode und der negative Pol der Batterie an der Katode angeschlossen ist. In diesem Fall sprechen wir von dem Durchlaßstrom der Diode. Werden die Anschlüsse vertauscht, so fließt kein Strom, die Diode arbeitet in Sperrichtung. Es fließt ein äußerst geringer, kaum meßbarer Sperrstrom.

Die Abb. 1.2-1*a* zeigt den Anschluß einer Diode in Stromrichtung. Die Abb. 1.2-1*b* zeigt eine Diode, die in Sperrichtung angeschlossen ist. Der darüber gezeichnete Schalter zeigt symbolisch den Betriebszustand, den Schaltzustand, der Diode an.

Bei der Diode berücksichtigt der Praktiker noch den Begriff der Schwell- oder Flußspannung. Das ist in *Abb. 1.2-2* gezeigt. Die Diode verhält sich in Durchlaßrichtung so, als sei ihr eine Batterie gegenpolig zur treibenden Betriebsspannung mit der Spannung U_D eingebaut. Sie benötigt vorerst diese Spannung, um Strom fließen zu lassen. Diese Spannung heißt auch Durch-

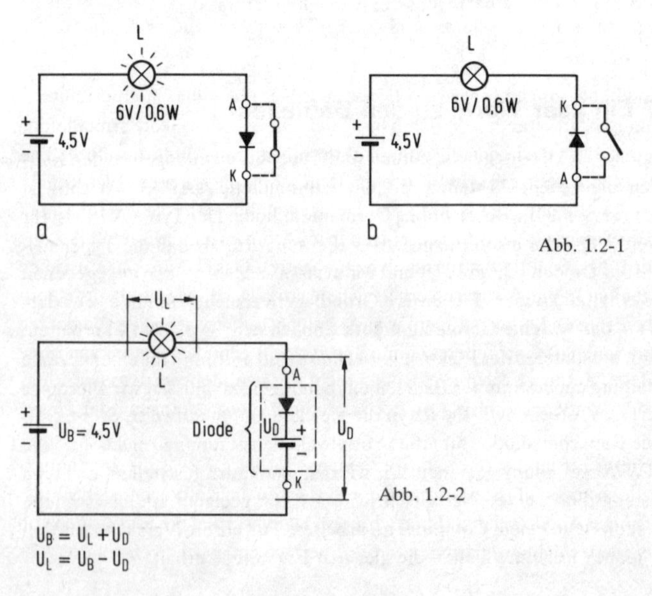

Abb. 1.2-1

Abb. 1.2-2

laßspannung und beträgt bei einer Germaniumdiode ca. 0,2 V und bei einer Siliziumdiode ca. 0,6 V. Um den Betrag dieser Spannung verringert sich die Hauptbatteriespannung. Demnach erhält die Glühlampe L also nicht mehr 4,5 V U_B, sondern bei einer Siliziumdiode 4,5 V−0,6 V = 3,9 V. Diesen Spannungsverlust müssen wir bei den Arbeiten mit Dioden immer berücksichtigen.

Wir werden später noch etwas über die Leistung einer Diode aussagen. Wissen sollten wir jedoch schon einmal, daß eine Diode sehr kleiner Leistung, also für geringen Strom zugelassen, kleiner als ein Streichholzkopf sein kann. Hochleistungsdioden in der Industrieelektronik können die Größe einer „Bierflasche“ annehmen. Leistungsdioden werden bei Betrieb über 100 °C heiß. Bei Kleinsignaldioden merken wir keine Erwärmung. Bei Kleinsignaldioden ist die Diode in einem kleinen Glaskörper (Glasrohr) untergebracht und hat seitlich die beiden Anschlüsse K–A. Eine Leistungsdiode besitzt Metall als Körper, das gleichzeitig der Wärmeabfuhr dient. Dort sind die Anschlüsse geschraubt. Leistungsdioden werden oft auf Blechen montiert, damit die entstehende schädliche Wärme besser abgeleitet werden kann.

1.2.2 Eine leicht verständliche Einführung in die Elektronik der Diode

Wie sieht es nun im Innern der Diode aus? Der Hersteller montiert mit automatisch arbeitenden Maschinen in der Diode zwei kleine Metallplättchen, die sich flächenmäßig oder punktförmig an einer Stelle berühren. Das eine Metall besitzt in seinem Atomaufbau sehr viele (zuviele) Elektronen: Es heißt N-Zone oder N-Material. Demgegenüber steht das zweite Metall mit zu wenig (viel zu wenig) Elektronen im Atomverband: Es heißt P-Zone oder P-Material (P von positiv, N von negativ). Das N-Material mit vielen negativen Ladungsträgern verhält sich negativ. Das P-Material mit fehlenden negativen Ladungsträgern verhält sich positiv. Zwischen diesen beiden Materialien ist eine äußerst dünne Sperrschicht gebildet. Diese kann ohne äußeres Zutun von den Elektronen nicht überwunden werden. Die Elektronen können also nicht von der N- in die P-Zone gelangen oder umgekehrt.

Dieser Zustand wird verstärkt, wenn nach *Abb. 1.2.2-1a* die Spannungsquelle so angeschlossen wird, daß der Pluspol an die Katode und der Minuspol an die Anode gelangt (Sperrichtung). Dann werden die Elektronen von der Sperrschicht weggezogen – die Sperrschicht wird „vergrößert“. Es

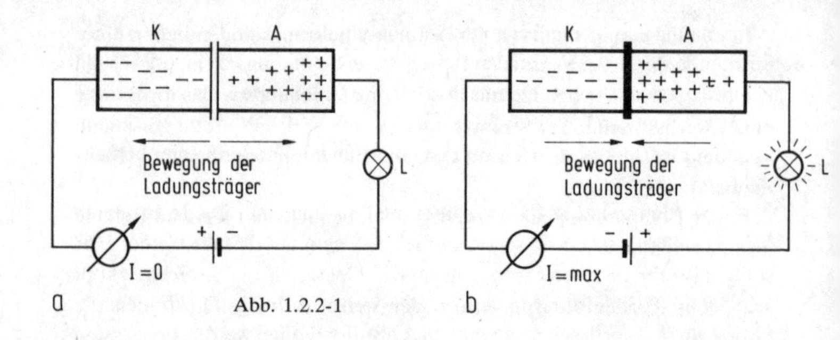

Abb. 1.2.2-1

kommt kein Stromfluß zustande. Das ändert sich, wenn die Batterie umgepolt wird. Nach Abb. 1.2.2-1*b* kommt dann ein Stromfluß zustande. Die freien Elektroden der Katode werden von dem positiven Potential der Anode angezogen. Diese Spannung ist stark genug, um die Sperrschicht zu überwinden.

1.3 Jetzt wird es ernst – die Diode in der Elektronik

Die Diode wird von dem Elektroniker für sehr viele Zwecke in der Elektronik benutzt, und zwar für die unterschiedlichsten Anwendungen. Deshalb gibt es auch Dioden, die sich in ihren elektrischen Daten zum Teil sehr stark unterscheiden.

Ein Computer benötigt schnell schaltende Dioden. Wird also eine Spannung richtig gepolt an die Diode angeschlossen, so muß sofort ein Strom fließen. Der Elektroniker mißt hier mit sehr kleinen Zeiteinheiten, mit Nanosekunden, das sind 10^{-9} s oder 0,000000001 s. Diese Zeiten zum Umschalten sind kaum vorstellbar. Der Elektroniker kann sie jedoch messen – mit dem Oszilloskopen.

In der Hochfrequenztechnik, also der Radio- und Fernsehtechnik, werden Dioden benutzt, die kleinste Hochfrequenzspannungen gleichrichten müssen. Dabei dürfen zwischen Katode und Anode nur sehr kleine Kapazitäten wirksam werden.

In der Elektrotechnik wird die Diode parallel zu einer Relaisspule geschaltet, um beim Stromausschalten die hohen entstehenden Induktionsspannungen der Relaisspule zu „verbrauchen“, also zu vernichten.

In der Elektronik wird die Zenerdiode benutzt, um hochkonstante Spannungen zu erzeugen. Sie kann Spannungen stabilisieren.

In der Fahrzeugtechnik (E-Lok) werden Leistungsdioden benutzt, die sehr groß und schwer sind.

Der Elektroniker benutzt die Diode, um aus der Netzwechselspannung eine Gleichspannung zur Stromversorgung seiner Schaltung zu gewinnen.

In der Optoelektronik werden Dioden benutzt, um rotes Licht für Steuerzwecke zu erzeugen.

In der Computertechnik werden Dioden benutzt, um logische Befehle ausführen zu lassen.

1.3.1 Die elektrische Spannung, der Strom und die Diode

Die *Abb. 1.3.1-1* zeigt uns eine Prüfschaltung, in welcher Spannungs- und Stromverhalten in Durchlaßrichtung erläutert werden sollen. Wir gehen davon aus, daß wir eine sehr stabile 20-V-Batterie haben und mit dem Potentiometer die Spannung U_E von 0...20 V regeln können. Das Meßgerät I_D zeigt den fließenden Strom an und das Gerät U_D die Diodenspannung zwischen den Anschlüssen Anode und Katode. Benutzen wir die Diode Typ BA 170, so interessieren uns hier folgende Maximalwerte.

Sperrspannung 20 V,
Durchlaßstrom 150 mA
Sperrstrom bei -15 V < 3 µA.

Das Potentiometer P regelt die Spannung U_E jetzt langsam von 0 V ausgehend hoch. Bei der Siliziumdiode passiert bis ca. 0,4 V nichts (Germaniumdiode ca. 0,1 V). Ab der sogenannten Schwellspannung setzt dann plötzlich ein Strom ein. Die Elektronen haben genügend Spannung, um die Sperrschicht zu überwinden. Diese Spannung zeigt das Gerät U_D an. Regeln wir die Spannung U_E jetzt höher, so bleibt die Spannung U_D mit

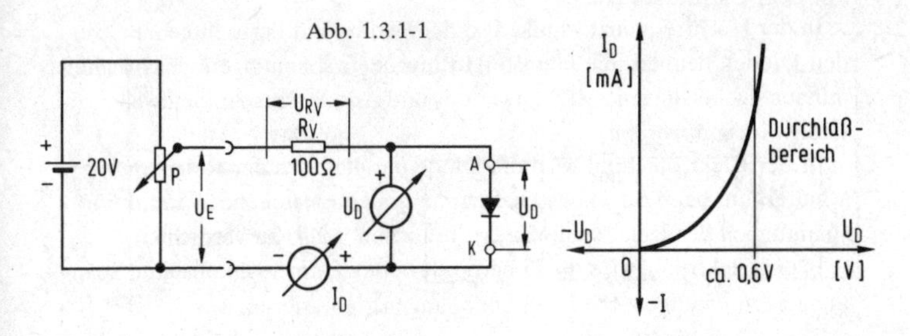

Abb. 1.3.1-1

0,6 V bestehen, sie wird geringfügig höher und kann bis zum Überlastungsfall, der bei 1 V liegt, ansteigen. Nehmen wir das Beispiel $U_E = 5$ V. In diesem Falle werden wir eine Spannung von $U_{RV} = 5\ V_{UE} - 0{,}6\ V_{UD} = 4{,}4$ V messen. Beim Vergrößern der Spannung geschieht das gleiche. Die Diode behält praktisch ihre Flußspannung von 0,6 V – ihr innerer Schalter ist geschlossen (siehe Abb. 1.2-2). Die restliche Spannung fällt an dem Vorwiderstand R_v (Schutzwiderstand) ab. Das heißt ab $U_E = 0{,}6\ V = U_D$ wird sich beim Vergrößern von U_E die Spannung an der Diode mit 0,6 V kaum merklich erhöhen.

Wohl aber der Strom. In dem Stromkreis errechnet sich der Strom I_D – wenn wir ihn nicht mit dem Meßgerät ablesen – am einfachsten aus

$$I_D = \frac{U_{RV}}{R}.$$

Nun hatten wir weiter vorn gelesen, daß der maximale Strom der Diode BA 170 den Wert von 150 mA nicht überschreiten darf. Das ist erreicht, wenn die Spannung U_E in der Abb. 1.3.1-1 folgendermaßen ermittelt wird. Es ist $U_E = U_{RV} + U_D$ sowie $U_{RV} = J_D \cdot R_V$. Mit dem Wert $I_D = 150$ mA errechnet sich nun $U_{RV} = 0{,}15\ A \cdot 100\ \Omega = 15$ V und mit $U_E = U_{RV} + U_D$ wird $U_E = 15\ V + 0{,}6\ V = 15{,}6$ V. Wir berücksichtigen hier die 0,6 V, die in dem Stromkreis an der Diode abfallen. Wird der Strom jetzt weiter vergrößert durch Erhöhen der Spannung, so wird die Diode sehr heiß und überlastet. Das führt zu einem Defekt. Meistens hat eine überbelastete Diode dann in beiden Stromrichtungen einen Durchgang (Kurzschluß).

Die so gewonnene Strom-Spannungskennlinie der Diode in Durchlaßrichtung ist ebenfalls in Abb. 1.3.1-1 zu sehen. Bis 0,6 V Diodenspannung steigt der Strom nur langsam an. Ab ca. 0,6 V sehr stark, wobei die Diode die Spannung von ca. 0,6 V zwischen Anode und Katode „festhält".

Die Verlustleistung einer Diode errechnet sich wie folgt: Wir gehen da-

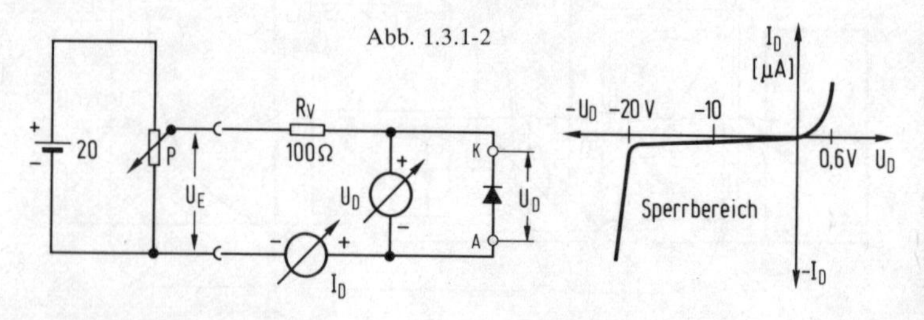

Abb. 1.3.1-2

von aus, daß das Produkt $U_D \cdot I_D$ (Abb. 1.3.1-1) die Leistung bildet. Da die Spannung U_D mit 0,6 V angenommen wird, ergibt sich hier bei dem maximalen Strom von 150 mA aus P = 0,6 V · 150 mA = 0,09 W.

Wird nach *Abb. 1.3.1-2* die Spannungsquelle U_B umgepolt, so sperrt die

Abb. 1.3.1-3

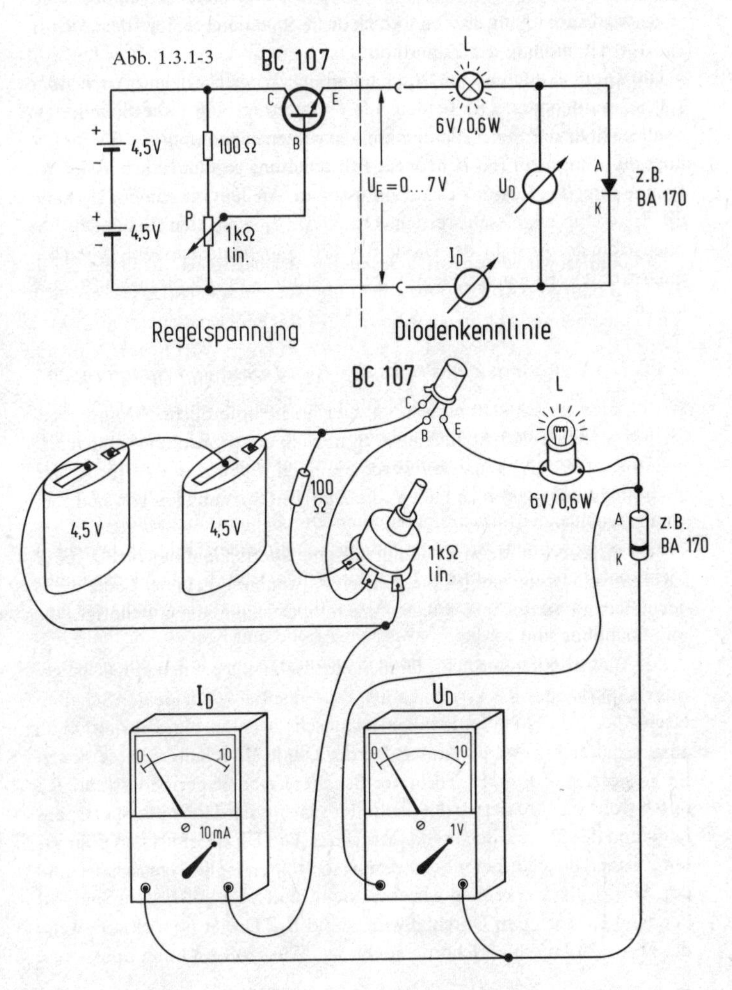

Diode den Strom. Das Potentiometer P vergrößert die Spannung. Können wir über – 20 V regeln, so wird der äußerst geringe Sperrstrom von 1...4 μA (Daten der BA 170) plötzlich sehr viel größer. Das kann dazu führen, daß die Diode durch Überschreiten der höchstzulässigen Sperrspannung zerstört wird. Das Gebiet des hier ab –20 V auftretenden starken Stromanstiegs wird auch häufig als Zenerknick bezeichnet. Dieser Begriff ist wichtig bei der Behandlung der Zenerdiode.

Die Diodenkennlinie im Durchlaßbereich können wir auch nach *Abb. 1.3.1-3* aufnehmen. Die beiden 4,5-V-Batterien bilden die Spannungsquelle. Mit dem Potentiometer P können wir eine Spannung von 0 V bis 7 V über den Transistor BC 107 für die Prüfschaltung regeln. Eine 6 V/0,6 W-Lampe zeigt den Beginn des Stromflusses an. An dem Instrument U_D kann die Spannung abgelesen werden. Das Gerät I_D zeigt den fließenden Diodenstrom an. Anstelle der Diode BA 170 können auch andere Typen benutzt werden. Es genügt, wenn wir den Strom I_D bis ca. 50 mA ansteigen lassen.

1.3.2 Ein wenig aus der Praxis der Restströme und Spannungen

Wir können sie schlecht messen, da hier hochempfindliche Strommeßgeräte erforderlich sind. So müssen z. B. noch Sperrströme von wenigen Nanoampere (10^{-9} A) gemessen werden können. Ebenso ist es erforderlich, Spannungsgeneratoren zu haben, die zum Teil Spannungen von mehr als 1000 V erzeugen können.

Eine Allzweckdiode weist häufig nur eine Sperrspannung von 30...60 V auf. Das ist ausreichend für die meisten Anwendungsgebiete. Lediglich in der Gleichrichtertechnik werden auch Sperrspannungen benötigt, die weitaus höher sind.

Der Elektroniker versucht, Dioden einzusetzen, die einen möglichst geringen Sperr- oder Rückstrom haben. Das entspricht dem idealen Schalter. Nach *Abb. 1.3.2-1* ist der ideale mechanische Schalter ohne Stromfluß im ausgeschalteten Zustand. Anders bei der Diode als Schalter. Diese besitzt im gesperrten Zustand (geöffneter Schalter) einen Sperrwiderstand R_S, durch welchen der Sperrstrom fließt, der sich aus der Höhe der Sperrspannung und des Sperrwiderstandes errechnet. Die Diode ist also im gesperrten Zustand ein geöffneter Schalter mit schlechten Isoliereigenschaften. In der Abb. 1.3.2-1 erkennen wir noch mehr, und zwar außer dem Sperrwiderstand R_S noch den Durchlaßwiderstand R_D. Dieser ist wirksam, wenn die Diode in Durchlaßrichtung gepolt ist. Wie groß sind nun Sperr- und

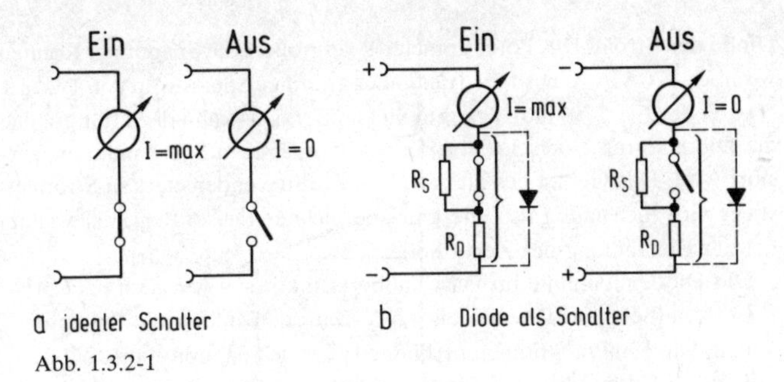

Abb. 1.3.2-1

Durchlaßwiderstand? Wir können sie aus den Diodendaten errechnen. Sie sind nicht konstant, sondern im wesentlichen von dem Arbeitspunkt der Diode abhängig. Die Diode BA 170 hat bei 0,6 V U_D einen Diodenstrom von 0,1 mA zur Folge. Damit errechnet sich der Durchlaßwiderstand für diesen Arbeitspunkt zu

$$R_D = \frac{0{,}6\ \mathrm{V}}{0{,}1\ \mathrm{mA}} = 6000\ \Omega.$$

Bei $U_D = 0{,}8$ V z. B. ist der Strom bereits 10 mA groß und damit der Durchlaßwiderstand bereits 80 Ω. Je kleiner der Durchlaßwiderstand, desto besser die Diodeneigenschaft.

Der Sperrwiderstand errechnet sich ähnlich. Aus den Angaben $U_S =$ 15 V und $I_S = 2\ \mu$A errechnen wir den Sperrwiderstand R_S zu:

$$R_S = \frac{15\ \mathrm{V}}{2\ \mu\mathrm{A}} = 7{,}5\ \mathrm{M}\Omega.$$

Je größer der Sperrwiderstand, desto besser die Diodeneigenschaft.

Das Verhältnis vom Durchlaßwiderstand zum Sperrwiderstand ist in diesem Falle:

$$\frac{60\ \Omega}{7{,}5\ \mathrm{M}\Omega} = 1 : 125\,000.$$

1.3.3 Wie wird die Diode mit der Temperatur fertig?

Wird eine Diode z. B. nach Abb. 1.3.1-3 in Durchlaßrichtung betrieben, so zeigt das Instrument U_D die in Durchlaßrichtung zwischen der Anode und

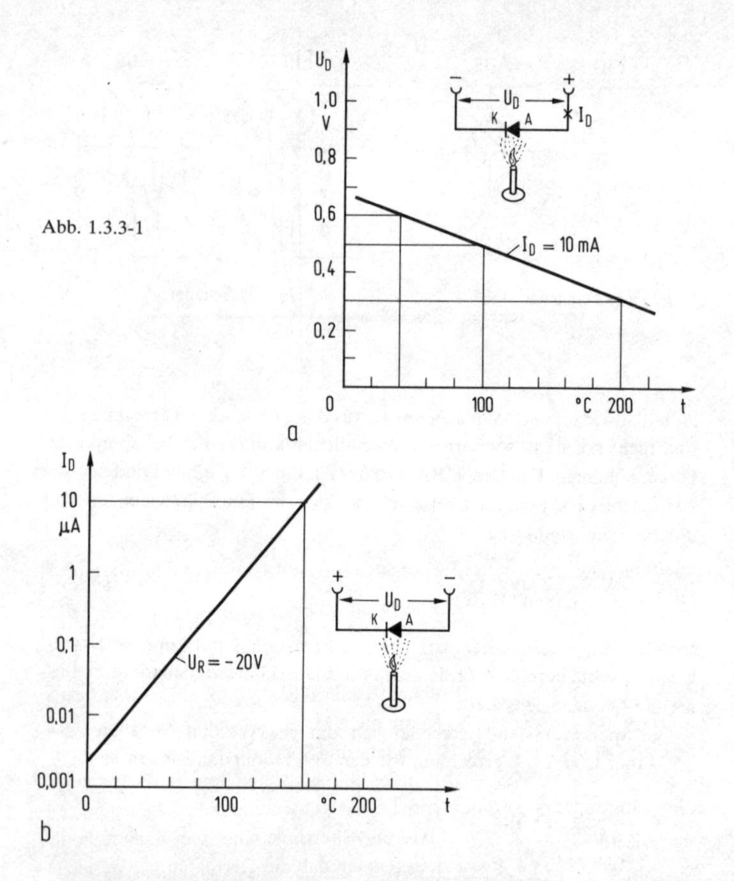

Abb. 1.3.3-1

Katode der Diode liegende Spannung von z. B. 0,6 V an. Wenn wir die Diode erhitzen, also z. B. kurzzeitig mit dem Lötkolben berühren, so verringert sich die Durchlaßspannung, was gleichbedeutend ist mit einem Verkleinern des Durchlaßwiderstandes bei bleibendem Strom. Die *Abb. 1.3.3-1* zeigt die Abhängigkeit der Änderung der Durchlaßspannung (a) und des Sperrstromes (b) bei Erwärmung der Diode.

Der Elektroniker versucht, eine Diode nicht unnötigen Wärmebelastungen auszusetzen. Das Arbeiten bei Zimmertemperaturen zwischen 18...25 °C ist ihm am sympathischsten. Er baut Dioden an „kühlen Stellen“ seiner

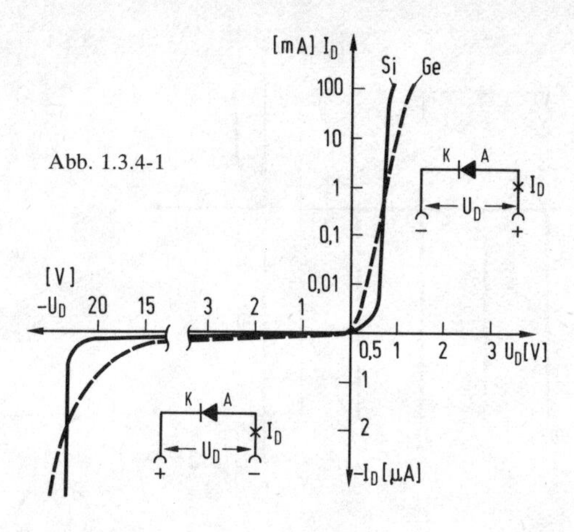

Abb. 1.3.4-1

Schaltung und Geräte ein. Das gilt auch für Transistoren und viele weitere elektronische Bauelemente.

1.3.4 Was sagt uns eine Diodenkennlinie?

Das Kapitel 1.3.1 hat uns die ersten Erklärungen gegeben. Die wichtigste Diodekennlinie it die U_D-I_D-Kennlinie. Der Elektroniker kann hier fast alle Daten ablesen oder sich (Durchlaß- und Sperrwiderstände) errechnen. In der *Abb. 1.3.4-1* ist der Ablauf des Durchlaß- und Sperrbereiches noch einmal angegeben. Es ist der typische Verlauf einer Siliziumdiode. Die gestrichelte Linie gibt die Durchlaß- und Sperrlinie einer Germaniumdiode im Vergleich dazu an. Es ist zu erkennen, daß die Germaniumdiode nicht die ausgeprägten Knickstellen einer Siliziumdiode besitzt. Sie hat jedoch den Vorteil, bereits bei kleineren Durchlaßspannungen einen entsprechend großen Strom aufzuweisen. Das ist günstig in der Meßtechnik; denn dort muß der Elektroniker sehr häufig kleine Wechselspannungen gleichrichten.

1.3.5 Die Zenerdiode

Schaltsymbol und Kennlinie der Zenerdiode ist in *Abb. 1.3.5-1* wiedergegeben. Die Zenerdiode wird immer im Sperrgebiet betrieben mit ihrer ent-

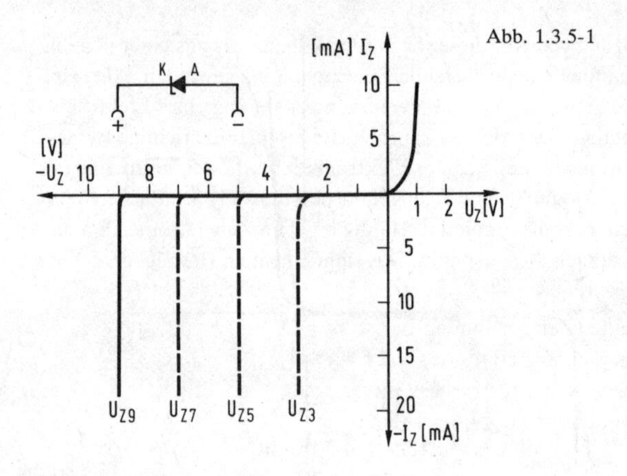

Abb. 1.3.5-1

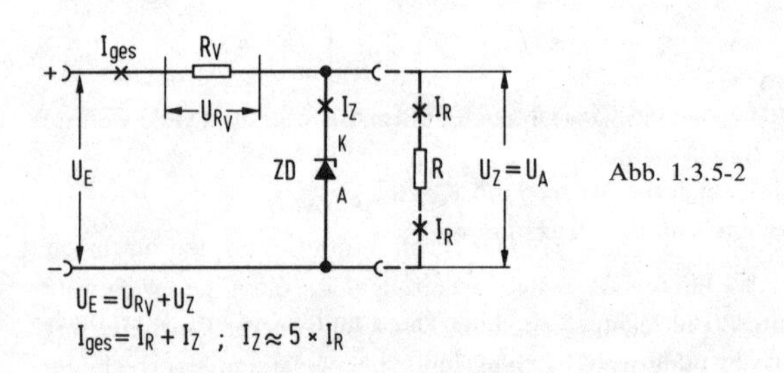

Abb. 1.3.5-2

sprechenden Zenerspannung. Zenerdioden sind mit verschieden großen Zenerspannungen erhältlich. So z. B. die Typen ZPD 2,7; ZPD 3; ZPD 3,9; ZPD 4,7; ZPD 9,1; ZPD 20 – um nur ein paar Typen herauszugreifen. Die Abb. 1.3.5-1 soll das wiedergeben, gestrichelt sind die Kennlinien mehrerer Dioden eingezeichnet. Im positiven Spannungsbereich, wenn also der Pluspol der Spannungsquelle mit der Anode verbunden ist, finden wir die Kennlinie einer Diode in Durchlaßrichtung wieder.

Es ist wichtig zu wissen, daß bei einem geringen Überhöhen einer Zenerspannung, also z. B. $U_Z = 9$ V um nur 0,1 V auf 9,1 V, der Zenerstrom extrem stark ansteigt. Das führt zur Zerstörung der Diode. Deshalb finden wir die Zenerdiode in der praktischen Anwendung immer in einer Schaltung, wie in *Abb. 1.3.5-2* gezeigt, mit einem Widerstand in Reihe geschaltet zur

Strombegrenzung vor. Mit dieser Schaltung können wir aus einer beliebig größeren Spannung eine hochstabile Zenerspannung gewinnen. Also eine Spannung, die genau im Wert als Versorgungsspannung einer Elektronikschaltung bereitgehalten werden kann. Wichtig ist hier die richtige Bemessung des Vorwiderstandes R_V. Der Elektroniker berechnet ihn so, daß der Zenerstrom für kleine Ströme I_R ungefähr den fünf- bis zehnfachen Wert des Verbraucherstromes annimmt. Häufig ergeben Zenerströme ab 5 mA schon einen stabilen Arbeitspunkt. Das sieht an einem Beispiel gerechnet so aus:

Zenerdiode (Zenerspannung) = 9 V
Eingangsspannung (Batterie) = 24 V
Verbraucherstrom I_R = 3 mA
Zenerstrom 5 bis 10 x $I_R \approx$ 15 mA

Damit ist die Spannung

$$U_{RV} = U_E - U_Z = 24\ V - 9\ V = 15\ V$$

und der Strom

$$I_{ges} = I_Z + I_R = 15\ mA + 3\ mA = 18\ mA.$$

Daraus errechnet sich der Widerstand R_V zu

$R_V = \frac{U_{RV}}{I_{ges}} = \frac{15\ V}{18\ mA} = 833\ \Omega$. Der Profi nimmt hier den nächsten Normwert mit 820 Ω. Nähere Angaben dazu finden Sie im „Werkbuch Elektronik" (Nührmann – Franzis-Verlag).

Der Elektroniker muß für jeden Betriebsfall den entsprechenden Vorwiderstand errechnen. Gute Stabilisierungseigenschaften ergeben sich, wenn die Eingangsspannung ca. zwei- bis dreimal größer sein kann als die gewünschte Zenerspannung.

Sehr stark ausgeprägte Zenerknickspannungen ergeben Zenerdioden mit einer Zenerspannung, die größer als 5 V ist. Wie schon gesagt, ergeben Zenerströme ab 5 mA bereits einen stabilen Arbeitspunkt. Der Widerstand R_V ist dann dahingehend zu überprüfen, ob bei maximalem Strom I_R – soweit sich dieser ändern kann – mindestens noch ein Zenerstrom von 5 mA fließt.

In unserem obigen Beispiel war I_{es} = 18 mA. Demnach darf hier der Strom I_R nicht größer werden als ca. 13 mA, damit ein restlicher Zenerstrom von 5 mA verbleibt.

Für den Elektroniker ist es auch sehr wichtig, außer der gewünschten Zenerspannung bei einer Zenerdiode die benötigte Leistung für die Diode zu ermitteln. Zenerdioden gibt es außer für verschiedene Spannungen auch eingeteilt nach verschiedenen Leistungsstufen. Die Leistung der Zenerdiode ermittelt sich wie bei der Diode aus dem Zenerstrom I_Z und der Zenerspannung U_Z. In unserem Beispiel beträgt die Leistung

$$P_Z = 9\ V \times 15\ mA = 0{,}135\ W.$$

In diesem Falle wählt der Elektroniker aus Sicherheitsgründen den nächst höheren erhältlichen Wert z. B. 0,5 W.

1.4 Die Diode als Gleichrichterelement

Ein sehr häufiger Anwendungsfall in der Elektronik ist die Benutzung einer – oder meherer – Dioden als Gleichrichterelement. Der Elektroniker benutzt diese Technik, um aus einer Wechsel- oder Signalspannung eine Gleichspannung zu erzeugen. Dabei kann er diese Gleichspannung dann als Versorgungsspannung seiner Elektronikschaltung benutzen. Weiter kann die gleichgerichtete Spannung dazu herangezogen werden, um ein Gleichspannungsinstrument zum Ausschlag zu bringen. Es wird also eine Wechselspannung nach ihrer Gleichrichtung auf einem Gleichspannungsinstrument angezeigt. Schließlich ist noch ein wichtiger Anwendungsfall zu nennen: Die gleichgerichtete Wechselspannung zur Verstärkungsregelung. Das wird z. B. in der Rundfunktechnik bei dem automatischen Schwundausgleich benutzt.

1.4.1 Eine Wechselspannung wird mit einer Diode und einem Gleichstrominstrument angezeigt

Schließen wir unser Vielfachmeßgerät in einem Gleichspannungsbereich an die 8-V/50-Hz-Wechselspannung des Klingeltransformators an, so können wir höchstens ein Vibrieren des Zeigers im Nullpunkt feststellen. Der Zeiger mit der doch schweren Drehspule ist nicht in der Lage, der 50-Hz-Wechselspannungsschwingung zu folgen. Der Zeiger müßte fünfzigmal in einer Sekunde um den Nullpunkt nach Plus- und Minus-Werten ausschlagen.

Anders wird es, wenn wir hinter dem Klingeltransformator einen Gleichrichter schalten und das Meßgerät mit der Spannung versorgen, die aus dem Gleichrichter kommt. Das zeigt die *Abb. 1.4.1-1a...d.* Der Klingeltransformator wird zuerst direkt an das Meßgerät angeschlossen, welches auf den 15 V-Wechselspannungsbereich oder den nächst höheren gestellt wird. Da der Klingeltransformator ohne Belastung ist, werden wir eine hö-

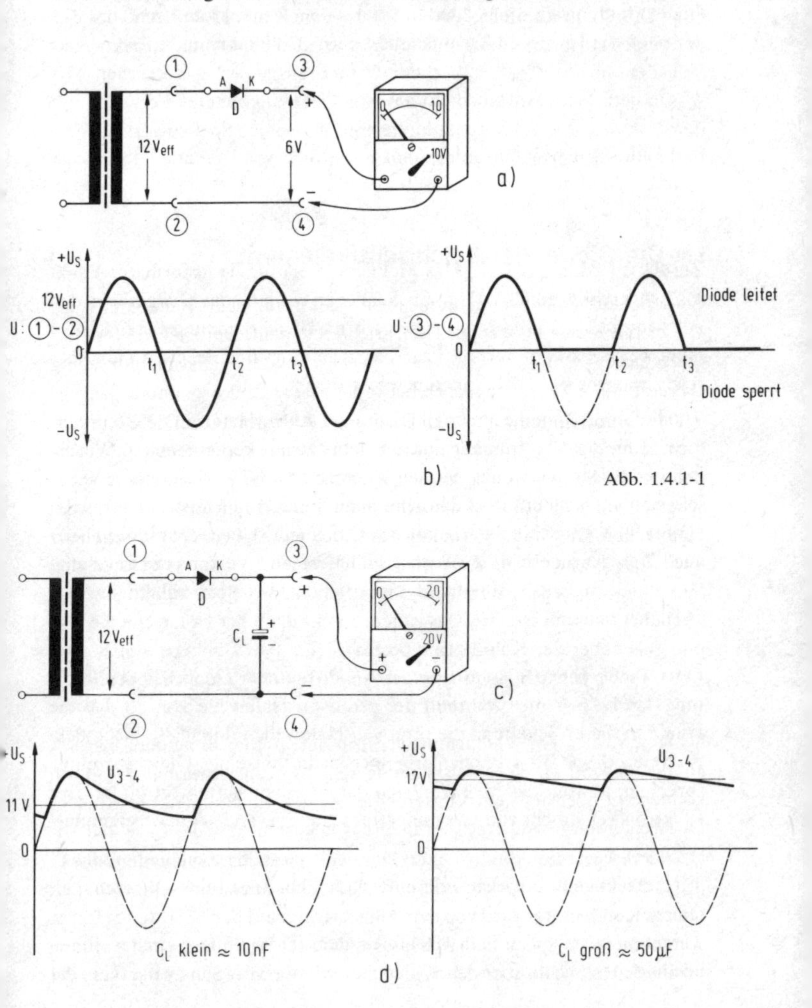

Abb. 1.4.1-1

here Spannung als z. B. an den 8 V-Buchsen messen. Das Instrument zeigt z. B. 12 V an. Demnach ist die Sinusspannung am Eingang des Gleichrichterkreises 12 V_{eff} oder 16,97 V_s – wir erhöhen auf 17 V – groß. Dieser Spitze-Spitze-Wert beträgt 34 V. Nachlesen können wir die Beziehung $U_{eff}-U_s-U_{ss}$ in Kapitel 5.3, Abb. 5.3-1, sowie Kapitel 1.4.7, Abb. 1.4.7-1 der beiden Bücher: „Elektronik leichter als man denkt" und „Elektronik-Selbstbau für Profibastler" – ebenfalls im Franzis-Verlag erschienen. Wir wissen jetzt wieder, daß der vom Meßgerät angezeigte Wert U_{eff} mit dem Faktor $\sqrt{2} = 1{,}414$ zu multiplizieren ist, um den Spitzenwert einer Sinushalbwelle wertmäßig zu errechnen. Also

$$U_{eff} \cdot \sqrt{2} = U_s.$$

Zurück zu Abb. 1.4.1-1*a*. Das Meßgerät zeigt am Transformator Punkt 1...2 angeschlossen 12 V (U_{eff}) an. Schließen wir jetzt das Meßgerät an den Ausgang Punkt 3...4 an, so messen wir im Gleichspannungsbereich nicht mehr 12 V, sondern nur noch ca. 6 V. Allerdings im Gleichspannungsbereich, was vor der Gleichrichtung nicht möglich war.

Den Grund finden wir in dem Diagramm Abb. 1.4.1-1*b*. Diese Kurvenform kann der Elektroniker nur mit dem Oszilloskopen messen. Wir erkennen die Sinusspannung an den Klemmen 1 und 2. Und dann überraschend – oder nicht? – an den Klemmen 3 und 4 nur noch die positiven Halbwellen. Da wir das Verhalten der Diode jedoch kennen, verstehen wir auch diese Kurvenform. Zwischen den Klemmen 3...4 kann nur dann eine Spannung entstehen, wenn die Diode einen Stromfluß zuläßt, also ihr „Schalter" geschlossen ist. Das ist jedoch nur dann der Fall, wenn die Anode gegenüber der Katode eine positive – um 0,6 V höhere – Spannung führt. Eine positive Spannung an der Anode finden wir jedoch in der Schaltung 1.4.1-1a immer während der positiven Halbwelle vor, so daß die Diode in dieser Schaltung die positiven Halbwellen durchläßt. Nach dem Kurvenbild von 3...4 können wir noch nicht von einer Gleichspannung sprechen, obwohl das Meßgerät sich daraus einen Mittelwert bildet. Der Elektroniker spricht von einer ungesiebten pulsierenden Gleichspannung.

Anders wird es in Abb. 1.4.1-1*c*. Dort wird zusätzlich ein Kondensator C – der Elektroniker spricht von einem Ladekondensator – eingeschaltet. Dieser Kondensator wird von dem Gleichrichter auf den höchsten Spitzenwert aufgeladen und entlädt sich bis zur nächsten Aufladung einer weiteren positiven Halbwelle über den Widerstand des Verbrauchers. Hier ist es der

Innenwiderstand des Meßgerätes. Benutzen wir für den Versuch einmal z. B. einen 10-nF-Kondensator, so stellen wir fest, daß sich die Gleichspannung von 6 V auf ca. 11 V erhöht. Den noch sehr welligen Gleichspannungsverlauf finden wir in Abb. 1.4.1-1*d* wieder. Nehmen wir den Kondensator C jedoch sehr groß – z. B. 50 µF – so hat der Kondensator keine Zeit für eine genügend schnelle Entladung bis zur nächsten Halbwelle. Der Kondensator bleibt auf den Spitzenwert aufgeladen. Dieser wird jetzt mit $12\ U_{eff} \cdot \sqrt{2} = 17$ V angezeigt! Die Diode braucht und kann nur noch während ganz kurzer Zeiträume der höchsten (positivsten) Spitzen einen Ladestrom nachliefern. Also dann, wenn bei einer positiven Halbwelle die Kondensatorspannung so abgesunken ist, daß die Katode mindestens um 0,6 V negativer als die Anode ist.

Oder die Spannung 3...4 (Abb. 1.4.1–1c) um 0,6 V kleiner als die Spannung 1...2 wird. Die Diode liefert nur noch Nachladeimpulse.

1.4.2 Die Wechselspannung, eine Diode und der Ladekondensator

Wir haben eben festgestellt, daß es recht einfach ist, mit einer Diode und einem Kondensator aus einer Wechselspannung eine Gleichspannung zu erzeugen. Wir wissen auch bereits, daß die Gleichspannung immer um den Faktor $\sqrt{2} = 1{,}414$ größer ist als die Wechselspannung. Je nach Polung der Diode können wir eine positive oder negative Gleichspannung an der Diode und dem Ladekondensator entstehen lassen. Die Spitzen der Sinusspannung werden von der Diode durchgelassen – gleichgerichtet. Der Elektroniker spricht von einer Spitzengleichrichtung.

Die Spannungsverhältnisse bei der Einweggleichrichtung wollen wir uns in der *Abb. 1.4.2-1a...e* noch einmal näher ansehen. Die Abb. 1.4.2-1a zeigt noch einmal die Schaltung. Die Wechselspannung an den Trafoklemmen 1...2 haben wir mit U_{eff} bezeichnet. Ihr Spitzenwert beträgt $12 \cdot \sqrt{2} =$ 17 V (siehe dazu die Abb. 1.4.2-1b). In Reihe geschaltet zu der Ausgangsklemme 3 ist die Diode D. In Durchlaßrichtung – Zeit des Stromflusses – entsteht an dieser Diode die bekannte 0,6-V-Durchlaßspannung. Zwischen den Ausgangsklemmen 3...4 können wir die gleichgerichtete Wechselspannung entnehmen. Sie entsteht an dem Ladekondensator C_L und heißt U_{CL}. Somit ergibt sich folgende Spannungsaufteilung während der kurzen Aufladezeit des Ladekondensators C_L:

$U_S = U_D + U_{CL}$; in Werten: 17 V = 0,6 V + 16,4 V.

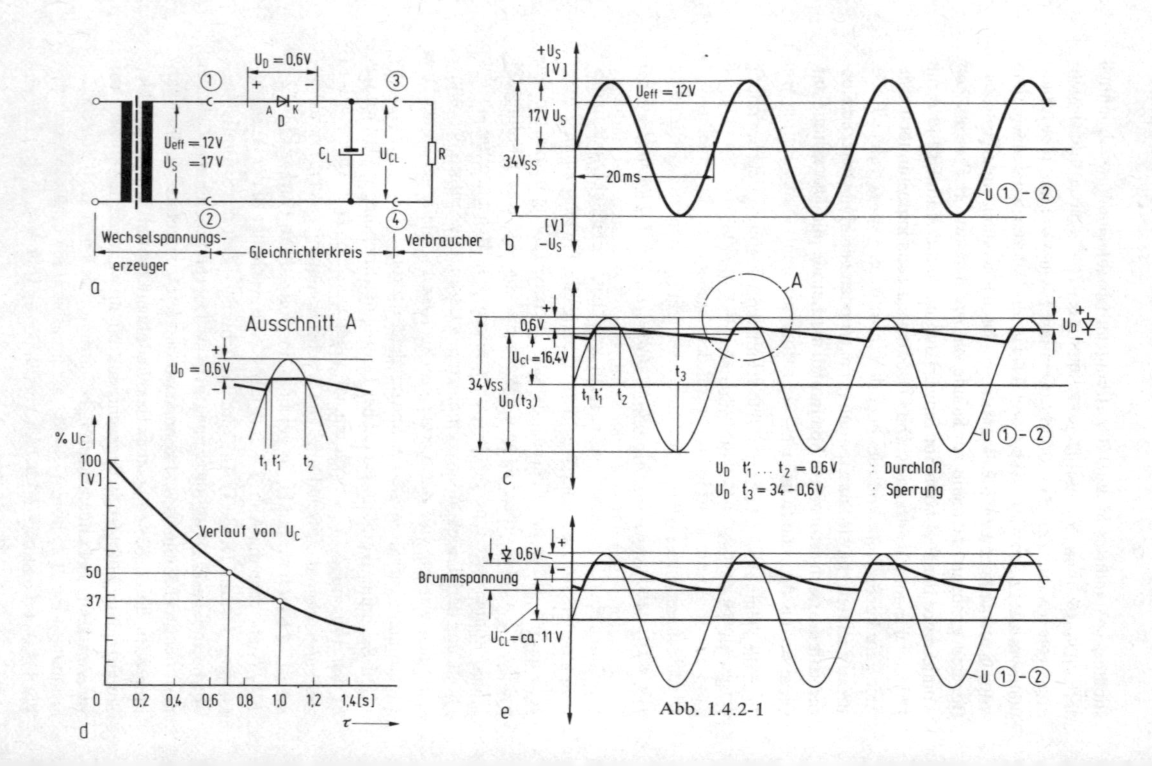

U_D = 0,6V
①
②
③
④
U_eff = 12V
U_S = 17V
C_L
U_CL
R
A D K
Wechselspannungs-erzeuger
Gleichrichterkreis
Verbraucher
a
+U_S [V]
17V U_S
34V_SS
U_eff = 12V
20 ms
[V] -U_S
U ① - ②
b
Ausschnitt A
U_D = 0,6V
t_1 t'_1 t_2
A
0,6V
U_Cl = 16,4V
34V_SS
U_D(t_3)
t_1 t'_1 t_2 t_3
U_D
U ① - ②
U_D t'_1 ... t_2 = 0,6V : Durchlaß
U_D t_3 = 34 - 0,6V : Sperrung
c
% U_C
100 [V]
50
37
Verlauf von U_C
0 0,2 0,4 0,6 0,8 1,0 1,2 1,4[s]
τ
d
0,6V
Brummspannung
U_CL = ca. 11 V
U ① - ②
e

Abb. 1.4.2-1

Die Ladespannung ist also um den Betrag der Diodenspannung gegenüber der Spitzenspannung kleiner. Diese Verhältnisse sind in die Abb. 1.4.2.-1c näher gezeigt. Die Zeit des Diodenstromes ist zwischen t_1 und t_2 gegeben. Während der Zeit t_1...t'_1 – das können bei der 50-Hz-Sinusschwingung schon Bruchteile einer Millisekunde sein – ist der Diodenstrom sehr stark. Der Diodenstrom und somit der Kondensatornachladestrom hört zur Zeit t_2 auf. Das ist der Fall, wenn die Sinusspannung an der Anode den Betrag der Gleichspannung an der Katode (Kondensatorspannung) unterschreitet.

Zur Zeit t_3, wenn die Sinusspannung ihren vollen negativen Wert erreicht hat, tritt die höchste negative Spannung zwischen Anode und Katode auf. Diese Spannung entspricht fast – sie ist nur um den kleinen Betrag von 0,6 V geringer – der doppelten Spitzenspannung. Wir erinnern uns, daß zu der gesamten Zeit der Kondensator C_L auf den Spitzenwert geladen sein kann und somit die Katode immer auf dem vollen Wert U_{CL} bleibt.

Wir erinnern uns, daß die Spannung an einem Kondensator sich über einen Widerstand nach einer e-Funktion entlädt. Ist der Widerstand oder der Kondensator genügend groß, dann tritt bis zur nächsten Nachladung – nächste positive Halbwelle – keine merklicher Spannungsverlusst am Ladekondensator auf. Das ändert sich, wenn der Verbraucherstrom zu groß, also der Widerstand R (Abb. 1.4.2-1a) zu klein wird und wir nach der Kurve (Abb. 1.4.2-1d) die Zeitkonstante $\tau = C_L \cdot R$ nur auf ca. 0,7 τ dimensioniert haben. Wie wir sehen, ist nach dieser Zeit die Spannung U_C nur noch 50 % groß. Die Gleichspannung hat dann den impulsförmigen, sehr welligen Verlauf nach Abb. 1.4.2-1e. Der Elektroniker sagt, sie ist verbrummt. Es ist eine 50-Hz-Wechselspannung mit Sägezahncharakter der Gleichspannung überlagert. Der Elektroniker spricht von der Welligkeit der Gleichspannung oder auch von der Brummfrequenz.

1.4.3 ...und was ist nun eine Zweiweggleichrichterschaltung?

Das Kapitel 1.4.2 hat uns die Einweggleichrichtung erläutert. Der Elektroniker benutzt für Gleichrichtungszwecke seiner Stromversorgung fast ausschließlich die Zweiweggleichrichterschaltung. Das hat im wesentlichen den Grund, daß die Zweiweggleichrichterschaltung beide Halbwellen der Sinusspannung zur Gleichrichtung heranzieht und somit auch eine in der Frequenz doppelt so hohe (100 Hz) Brummspannung erhält. Das hat den Vorteil, daß die Siebmittel – der Ladekondensator – nur halb so groß sein

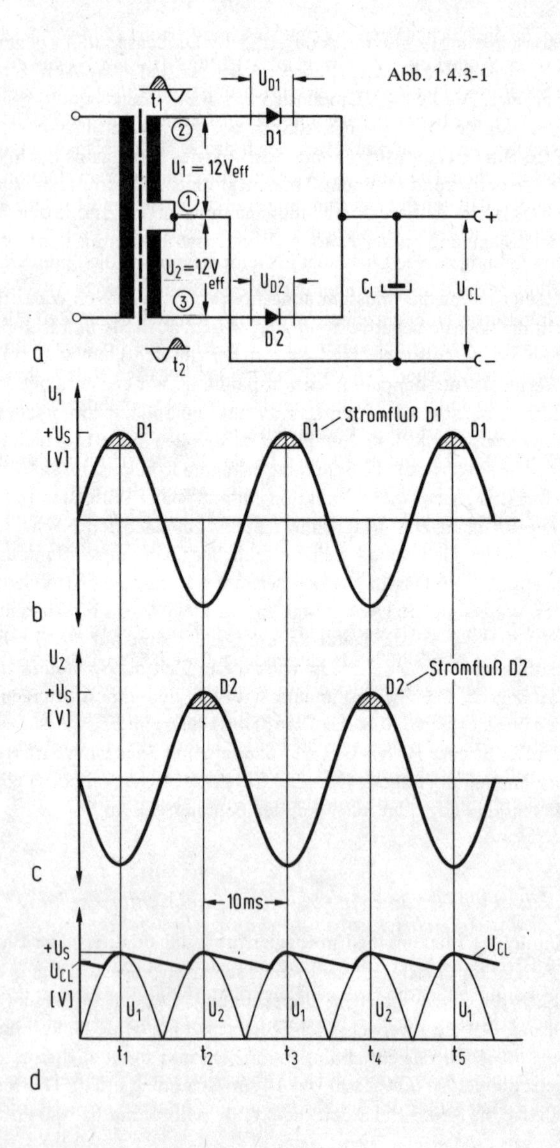
Abb. 1.4.3-1
U_{D1}
D1
$U_1 = 12V_{eff}$
$U_2 = 12V_{eff}$
U_{D2}
D2
t_1
t_2
C_L
U_{CL}
a
U_1
$+U_S$
[V]
D1
Stromfluß D1
b
U_2
D2
Stromfluß D2
c
10ms
U_{CL}
t_1
t_2
t_3
t_4
t_5
d

müssen, da die Nachladezeit doppelt so schnell erfolgt (Einweggleichrichtung 50 Hz Welligkeit – Zweiweggleichrichtung 100 Hz Welligkeit).

Die Schaltung einer Zweiweggleichrichtung ist in *Abb. 1.4.3-1* zu sehen. Der Elektroniker benötigt dazu einen Transformator mit zwei gleich großen Wicklungen, so daß ihm zwei gleich große Welchselspannungen zur Verfügung stehen. Diese beiden Wicklungen verbindet er an einer Stelle so miteinander, daß von dem Verbindungspunkt 1 nach 2 und 1 nach 3 entgegengesetzt gerichtete Halbwellen auftreten. Es ist nichts anderes als die Reihenschaltung zweier Wicklungen. Denn messen wir die Spannung zwischen Punkt 3 und 2, so können wir eine Spannung von 24 V – also den doppelten Betrag einer einzelnen Wicklung – feststellen. Zur Zeit t_1 ist dort als Beispiel eingezeichnet von 1 nach 2 gesehen die positive Halbwelle, während in der gleichen Zeit von 1 nach 3 die negative Halbwelle festgestellt wird. Das ändert sich schnell, so daß zur Zeit t_2 an 2 die negative und an 3 die positive Halbwelle vorhanden ist.

An Punkt 2 und 3 sind die Dioden D_1 und D_2 angeschlossen. Beide Dioden sind mit den Katoden am Ladekondensator verbunden. Die Dioden laden jetzt abwechselnd den Kondensator nach. Die Diode D_1 während der positiven Halbwelle zur Zeit t_1 und die Diode D_2 zur positiven Halbwelle während der Zeit t_2. Zur Kontrolle: Während t_2 ist D_1 und während t_1 ist D_2 gesperrt.

Diese Vorgänge verdeutlichen uns noch einmal die Abb. 1.4.3-1*b* und *c*. In der Abb. 1.4.3-1*d* sind beide „leitende Halbwellen“ zusammengezeichnet. Dort ist der eigentliche Verlauf der Spannung an C_L zu erkennen. Würde der Kondensator C_L durch einen Widerstand ersetzt werden, so zeigte ein Oszilloskop den Verlauf beider Halbwellen in positiver Richtung! Darüber hatten wir uns bei der Abb. 1.4.1-1b bereits Gedanken gemacht während der Überlegungen zur Einweggleichrichtung.

1.4.4 Auch eine Brücken- oder Graetzgleichrichterschaltung ist eine Zweiweggleichrichtung und damit sehr wichtig

Für die Erzeugung einer Gleichspannung zur Versorgung von elektronischen Schaltungen ist die Brückengleichrichterschaltung für den Elektroniker die wichtigste, wenn er zwischen Einweg-, Zweiweg- oder Brückengleichrichtung wählen kann.

Die Schaltung besitzt den Vorteil, ebenso wie die Zweiweggleichrichtung, beide Halbwellen der Sinusspannung auszunutzen, wodurch die günstige hohe „Brummfrequenz“ von 100 Hz entsteht. Ein weiterer Vorteil dieser Schaltung ist, daß der Transformator nur eine Wicklung benötigt, allerdings sind vier Gleichrichterdioden erforderlich.

Der mechanische Aufwand ist jedoch recht klein, da die Industrie diese vier Gleichrichterdioden bereits in ein kleines Gehäuse montiert und fest vergießt. Somit ist der Brückengleichrichter mit vier Elementen und vier Anschlüssen – zwei für die Wechselspannung und zwei für die Gleichspannung – nicht viel größer als ein einfaches Gleichrichterelement.

Die *Abb. 1.4.4-1a* zeigt die Schaltung eines Brückengleichrichters mit Ladekondensator. Wir erkennen erst einmal die Zusammenschaltung von Transformatorenwicklung, Brückengleichrichter und Ladekondensator. Auch ist dort bereits als Ergebnis eingetragen, daß die Wechselspannung von 12 V durch die auch hier einsetzende Spitzengleichrichtung eine Gleichspannung von ca. 17 V erzeugt. Der Elektroniker zeichnet oft die einzelnen Gleichrichterelemente nicht mit, sondern nur das Brückensymbol, einen Gleichrichter zur Darstellung und die Anschlußpolarität. Das zeigt die *Abb. 1.4.4-2*.

Zurück zum Brückengleichrichter. Die Abb. 1.4.4-1*b* erklärt uns seine Funktion im Zusammenhang mit dem Verlauf der Wechselspannungskurve

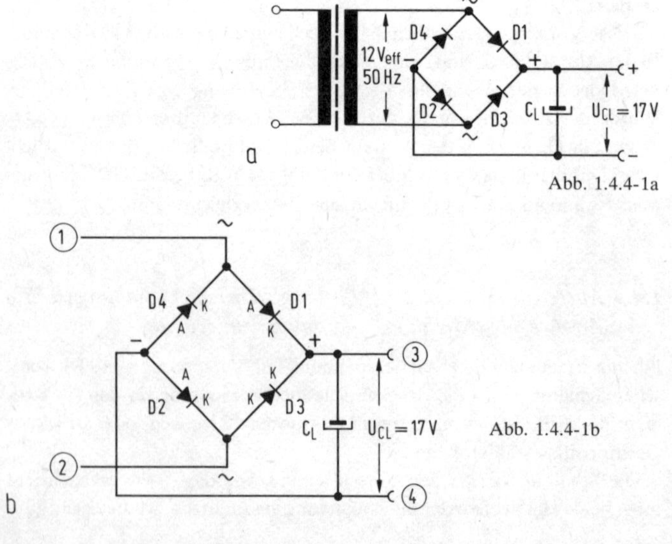

Abb. 1.4.4-1a

Abb. 1.4.4-1b

in Abb. 1.4.4-1*c*. Erreicht die Spannung während der Zeit t_1 ihren Höchstwert, überschreitet also die Ladespannung U_{CL} 17 V, so tritt ein Nachladestrom ein. Zur Zeit t_1 (positive Halbwelle von U~) ist dann die Diode D_1

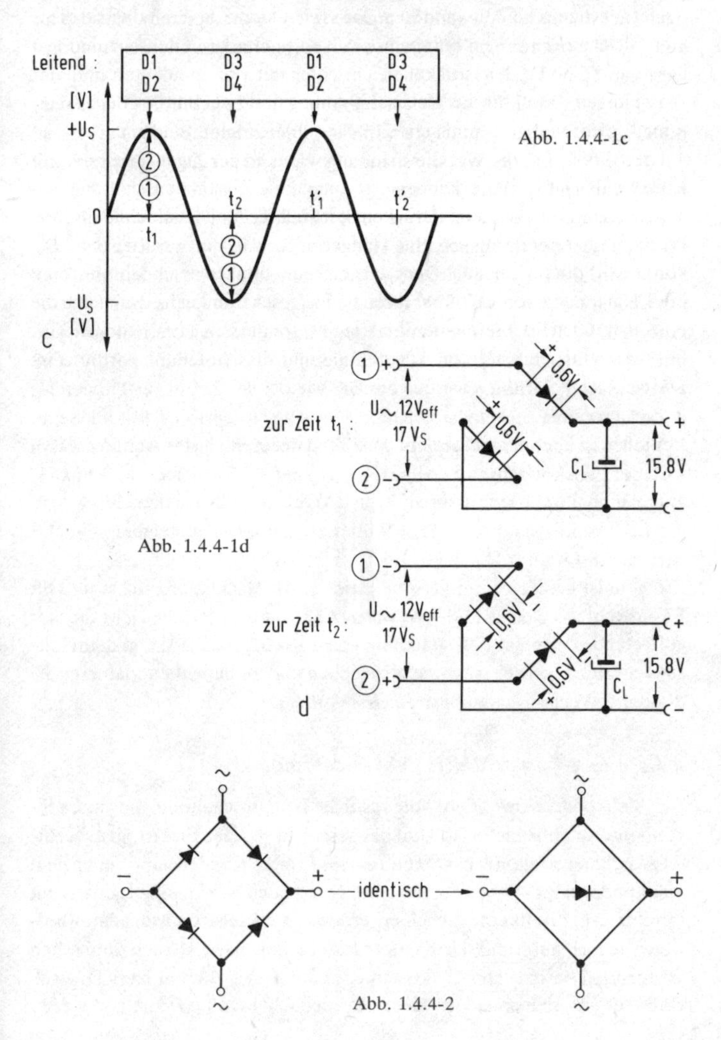

Abb. 1.4.4-1c

Abb. 1.4.4-1d

Abb. 1.4.4-2

zum Kondensator C_L leitend. Der Rückstrom führt über D_2, da hier die Spannung an der Anode D_2 positiver ist als an der Katode. Wichtig ist es, daß beide Dioden in Durchlaßrichtung ihre Flußspannung von 0,6 V benötigen. Diese doppelte Spannung müssen wir von der Spitzenwechselspannung 17 V abziehen und erhalten so den rechnerischen Gleichspannungswert von 17 V – 1,2 V = 15,8 V.

Vereinfacht ist dieses zur Zeit t_1 der Abb. 1.4.4-1c in Abb. 1.4.4-1*d* dargestellt. Die Dioden D_3 und D_4 sind nicht mitgezeichnet. Beide Dioden sind durch die Polarität der Wechselspannung während der Zeit t_1 gesperrt – sie haben während t_1 keine Wirkung.

Nun zur Zeit t_2, der Zeit der negativen Halbwelle. Hier sind die Dioden D_1 und D_2 gesperrt, die negative Halbwelle liegt jedoch zur Zeit t_2 an D_4. Somit wird das negative Spitzenspannungspotential jetzt an den Minuspol des Ladekondensators C_L über diese Diode geschaltet (siehe dazu auch die Abb. 1.4.4-1d). Wenn der Punkt 1 jetzt das negative Potential aufweist, muß dementsprechend von 1 auf 2 gesehen das Potential positiv sein. Durch diese Polaritäten werden ähnlich wie bei der Zeit t_1 die Dioden D_3 und D_4 geöffnet.

Vielleicht noch einmal anders: Während der Zeit t_1 (der Abb. 1.4.4-1c) wird der Ladekondensator (Abb. 1.4.4-1b) mit + 15,8 V über D_1 (Punkt 3) aufgeladen. Punkt 4 wird durch D_2 an 0 V gelegt. Während der Zeit t_2 wird der Ladekondensator mit – 15,8 V über D_4 (Punkt 4) aufgeladen. Punkt 3 wird durch D_3 an 0 V gelegt.

Damit ist zur Zeit t_1 und t_2 eine gleich große Nachladung sichergestellt. Es entsteht das gleiche Ladebild wie in Abb. 1.4.2-1c. Lediglich ist die hier auftretende doppelte Flußspannung von 2 x 0,6 V = 1,2 V von dem Spitzenwert der Wechselspannung abzuziehen und zu bedenken, daß hier die doppelte Wechselspannungsfrequenz vorliegt.

1.4.5 ...und was siebt der Siebkondensator?

Der Siebkondensator „siebt" die restliche Brummschaltung, die am Ladekondensator entstanden ist. Und das geschieht so: Der Elektroniker schaltet zwischen Ladekondensator und einem zweiten Kondensator – eben dem Siebkondensator – einen Widerstand. Oder, noch besser, eine Induktivität (Spule) mit Eisenkern, die einen großen Wechselstromwiderstand aufweist, jedoch aufgrund der Kupferwicklung nur einen kleinen Ohmschen Widerstand besitzt. Der Elektroniker nennt dieses Bauteil hier: Drossel. Dann ergibt sich zwischen dem so eingeschalteten Widerstand (*Abb.*

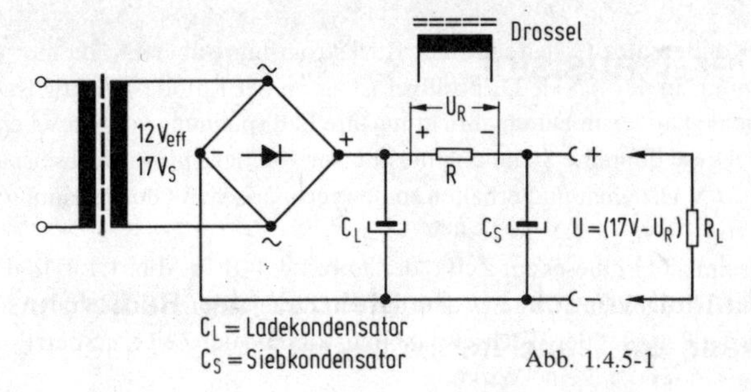

Abb. 1.4.5-1

1.4.5-1) und dem Siebkondensator C_S eine Wechselspannungsteilung, da C_S als kapazitiver Wechselstromwiderstand $R_C = \frac{1}{\omega C}$ mit R einen Spannungsteiler bildet. Das bedeutet, die restliche Brummspannung ist an C_S weitaus geringer als an C_L. (Wir können hierüber in dem Buch „Elektronik-Selbstbau für Profi-Bastler" mehr nachlesen.)

Merken sollten wir uns jedoch auf jeden Fall, daß der fließende Strom durch den Verbraucher R_L auch durch R fließt. Damit tritt dort ein Spannungsabfall auf, der die Gleichspannung U um den Betrag $I \cdot R = U_R$ vermindert. Hier muß es jetzt genau heißen: Gleichspannung ist gleich Wechselspitzenspannung minus 2 x Diodenspannung minus Spannung am Siebwiderstand, also

$$U = U_S - 2 \times 0{,}6\ V - U_R.$$

Wird, als Beispiel, der Widerstand R mit 470 Ω gewählt und ist der fließende Gleichstrom 20 mA, so tritt der Spannungsabfall an R in Höhe von

$$I \cdot R = 20\ mA \cdot 470\ \Omega = 9{,}4\ V$$

auf. Damit ist die Gleichspannung nur noch

$$U = 17\ V - 1{,}2\ V - 9{,}4\ V = 6{,}4\ V.$$

Dieser recht ungünstig dimensionierte Fall tritt in der Praxis selten auf. Oftmals schaltet der Elektroniker als Widerstand R eine elektronische Stabilisierung mit mehreren Transistoren ein. Die elektronische Stabilisierung unterdrückt die Brummspannung ganz erheblich. Ein Spannungsverlust ist dann bei guter Auslegung dieser Schaltung nicht größer als z. B. 3 V. Noch eleganter ist es, einen integrierten Spannungsregler zu benutzen. Das ist in dem Buch „Der Hobbyelektroniker greift zum IC" (Nührmann – Franzis-Verlag) näher beschrieben.

2 Der Transistor

2.1 Einmal zurück in die Steinzeit der Radioröhre – kann der Transistor es besser?

Der Transistor wurde in großer Stückzahl zuerst Ende der 50er Jahre produziert. Bis dahin galt die Radioröhre oder Elektronenröhre ungeschlagen in der Verstärkertechnik. Wenn wir uns die Gegenüberstellung der Schaltungstechnik der Radioröhre, *Abb. 2.1-1a*, und des Transistors, Abb. 2.1-1*b,* ansehen, dann sind keine wesentlichen Unterschiede – außer bei dem Bauteil Röhre-Transistor – festzustellen. In beiden Fällen gibt es einen gemeinsamen Anschlußpunkt für die Eingangs- und die verstärkte Ausgangsspannung. Bei der Röhre ist es der Anschluß K (Katode) und bei dem Transistor der Anschluß E (Emitter). Die Eingangs- und Ausgangsspannung ist jeweils durch einen Kondensator C von der Betriebsgleichspannung getrennt, so daß nur die uns interessierenden Wechselspannungen, z. B. die Tonspannungen einer Schallplatte, zur Steuerung gelangen.

In der Abb. 2.1-1a erhält der Anschluß G (Gitter) der Röhre über die Batterie B_2 die sogenannte negative Gittervorspannung, ohne welche die Röhre nicht oder nur mit einer stark verzerrten Verstärkung arbeitet. Das Eingangssignal wird auf das Gitter der Röhre gekoppelt.

Nach Abb. 2.1-1b sieht es ähnlich wie beim Transistor aus, nur daß hier eine positive Vorspannung für den Eingangsanschluß B (Basis) des Transistors benötigt wird.

Bei der Röhre übernimmt allerdings – und das ist absolut unterschiedlich gegenüber dem Transistor – die Heizung über zwei Heizungsanschlüsse (Hzg) die Bildung von freien Elektronen auf der durch die Heizleistung (0,3 A; 6 V = 1,8 W) erzeugten rotglühenden Katode. Diese Elektronen werden im Rhythmus der durch die Tonspannung sich ändernden Gitterspannung mehr oder weniger durch das Gitter zum Ausgangsanschluß A (Anode) gelangen. Erhält das Gitter gerade eine positive Halbwelle, so verstärkt sich der Anodenstrom I_a und verkleinert sich bei negativ werdender Gittervorspannung. Dieser Wechselstrom läßt über den Arbeitswiderstand R_a eine Wechselspannung entstehen (Ohmsches Gesetz: $I_a\sim \cdot R_a = U_a\sim$),

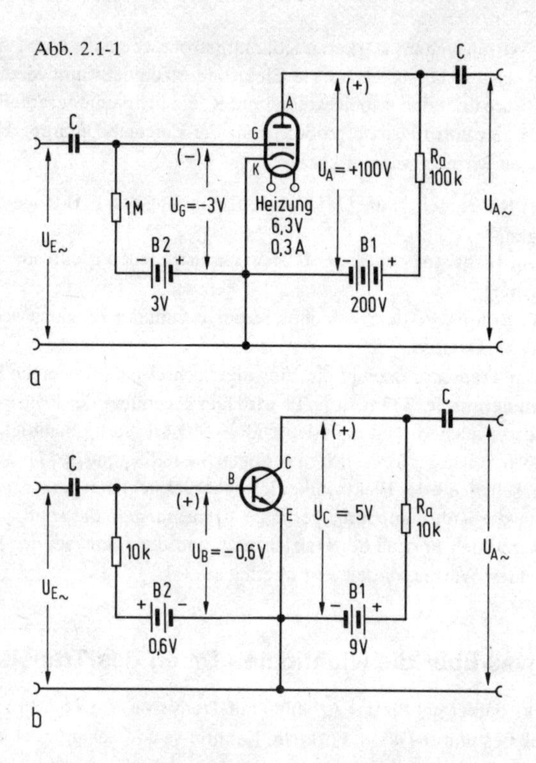

Abb. 2.1-1

die gegenüber der Eingangsspannung, also der Gitterspannung, weitaus größer ist. Demnach hat der durch das Gitter gesteuerte Elektronenstrom eine verstärkte Ausgangsspannung entstehen lassen.

Der Transistor benötigt keine Heizung, um die freien Elektronen für die Steuerung durch die Eingangsspannung zu erhalten. Das ist übrigens ein wesentlicher Vorteil des Transistors gegenüber der Röhre, abgesehen davon, daß der Transistor weitaus kleiner ist als die mit einem Glaskolben versehene Röhre, in welcher sich unter Vakuum (luftleer gepumpt) das Elektronensystem Heizung – Katode – Gitter – Anode befindet. Bei dem Transistor ist der steuernde Basisemitterstrom, der durch die Eingangswechselspannung entsteht und wie eben erklärt, seinen Stromkreis zwischen dem Basis- und Emitteranschluß findet, in der Lage, einen gegenüber dem Basisstrom weitaus stärkeren Kollektorstrom, ebenfalls vom Emitter, fließen zu lassen. Dieser verstärkte Elektronenstrom läßt nun wieder wie bei der Röhre über den Arbeitswiderstand R_a einen Spannungsabfall U_A~ entstehen, der entsprechend größer ist als die Eingangsspannung U_E~. Vergleichen wir noch einmal kurz:

- Bei der Röhre steuert die Gitterwechselspannung den Elektronenstrom am Ausgang.
- Bei dem Transistor steuert der Basiswechselstrom den Elektronenstrom am Ausgang.
- Bei der Röhre wird demnach ohne Strom nur mit der Eingangswechselspannung angesteuert.
- Bei dem Transistor erzeugt die Eingangswechselspannung einen Strom bei der Steuerung des Transistors. Es wird hier gegenüber der Röhre eine – wenn für uns auch vorerst unbedeutende – Steuerleistung benötigt.

Wenn wir von der erforderlichen geringen Steuerleistung des Transistors einmal absehen, die der Elektroniker leicht berücksichtigen kann, so ist der Transistor der Röhre durch die geringen Abmessungen, das sehr niedrige Gewicht und den Fortfall der Heizleistung, und der somit bei der Röhre entstehenden Wärme, dieser weit überlegen.

2.2 Etwas über die wichtigsten Daten des Transistors

Der Elektroniker hat für das Arbeiten mit Transistoren aus der Praxis gelernt, daß bestimmte Daten, Formeln, Kenntnisse und Schaltungen immer wiederkehren. Diese Kenntnisse benötigt er deshalb ständig, wenn er Schaltungen aufbaut. Die wichtigsten Daten und ein paar Tips wollen wir in diesem Kapitel kennenlernen.

2.2.1 Die Anschlüsse des Transistors

Es gibt sehr viele Firmen, welche Transistoren herstellen. So ist es dann auch nicht verwunderlich, daß die Zahl der Transistortypen weit über eintausend Exemplare beträgt. Häufig gibt es von mehreren Herstellern die gleichen Standardtypen, so daß der Elektroniker für diese wichtigen Transistoren die Anschlüsse bereits kennt.

In *Abb. 2.2-1a* ist ein NPN-Transistor gezeigt mit seinen Anschlüssen E = Emitter, B = Basis, C = Kollektor. Je nach erforderlicher Leistung für den betreffenden Einsatz eines Transistors erhält dieser ein kleines oder

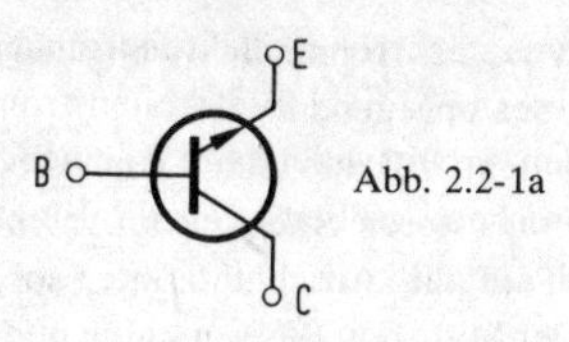

Abb. 2.2-1a

Abb. 2.2-1b

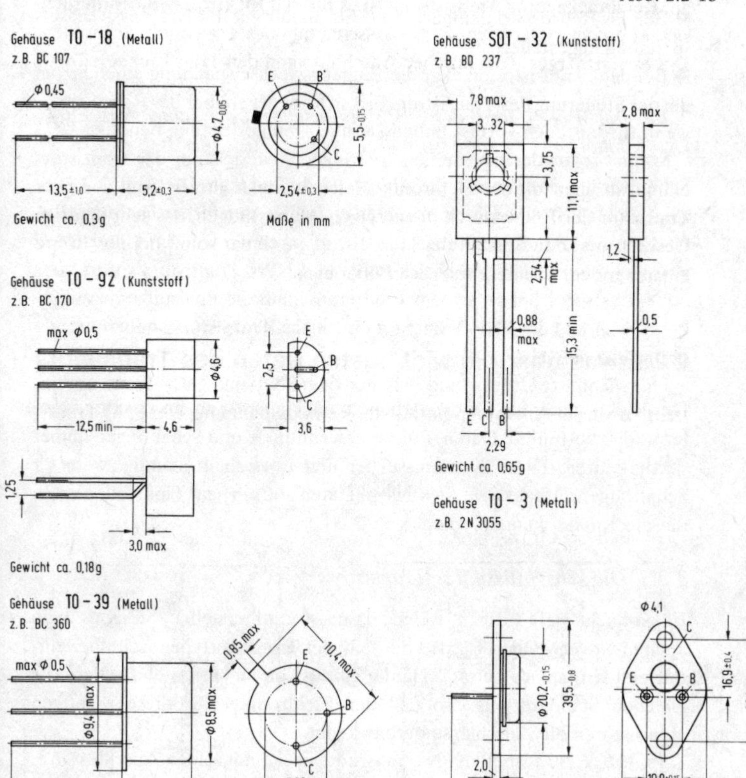

großes Gehäuse. In Abb. 2.2-1b sind die wichtigsten Gehäusetypen mit ihren Standardanschlüssen angegeben.

Wir können erkennen, daß bei den Gehäusetypen TO-18, TO-92, TO-39 bei Standardtransistoren eine gleiche Anschlußbelegung vorgesehen ist. Blicken wir auf die Anschlußdrähte, so finden wir links den Emitteranschluß, in der Mitte den Basisanschluß und rechts den Kollektoranschluß. Zwischen Kollektor und Emitter ist ein Zwischenraum, welcher bei der Betrachtung nach unten gelegt wird. Bei den Gehäusen TO-18 und TO-39 zeigt die Metallnase des Gehäuses die Lage des Emitteranschlußes an. Bei unbekannten Transistoren ist es für den Elektroniker erforderlich, sich in einem Datenbuch die Sockelschaltung des Transistors anzusehen. Das erspart Ärger – ein falscher Anschluß kann den Transistor zerstören!

2.2.2 Der PNP- und der NPN-Transistor und seine Anschlußpolung

Sehen wir uns dazu vorerst die *Abb. 2.2.2-1a* und *b* an. Die Abb. 2.2.2-1a zeigt einen PNP-Transistor in seiner typischen Verstärkerschaltung. Betrachten wir darauf die Abb. 2.2.2-1b, so erkennen wir den Unterschied zwischen dem Schaltsymbol des PNP- und NPN-Transistors sofort. Der NPN-Transistor hat an seinem Emitteranschluß die Pfeilspitze herausgekehrt, während der PNP-Transistor eine in das Transistorsymobl führende Pfeilspitze aufweist.

Der wichtigste Unterschied zwischen dem PNP- und NPN-Transistor besteht nun in der Anschlußpolarität der Betriebsspannung. Der PNP-Transi-

Abb. 2.2.2-1

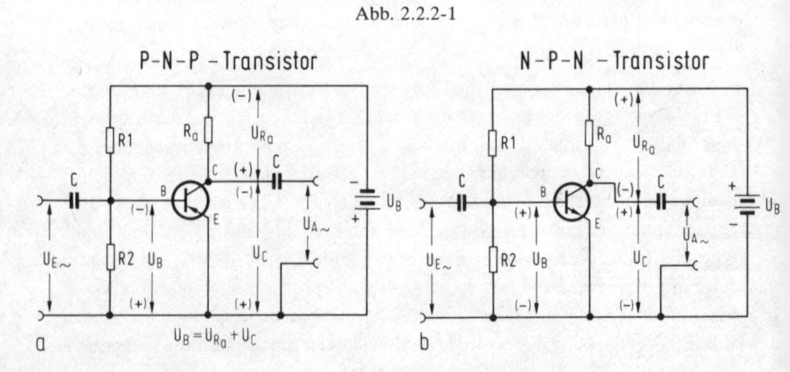

stor erhält am Emitter den positiven Pol der Batteriespannung. Also sind der Kollektor und die Basis mit dem negativen Potential der Batterie verbunden. Das können wir erkennen, denn der negative Anschlußpol der Batterie U_B führt über den Arbeitswiderstand R_a an den Kollektor.

Ebenso wird über den Basisspannungsteiler, der aus den Widerständen R_1 und R_2 besteht, ein kleiner Teil der Batteriespannung – es sind ca. 0,6 V bei einem Siliziumtransistor und ca. 0,2 V bei einem Germaniumtransistor – der Basis zugeführt. Also, der PNP-Transistor erhält den positiven Pol der Batterie an seinen Emitter angeschlossen.

Umgekehrt bei dem NPN-Transistor, mit dem wir übrigens häufiger als mit dem PNP-Typ arbeiten werden. Wir erkennen in Abb. 2.2.2-1b, daß der Emitteranschluß den negativen Pol der Batterie als Anschluß erhält. Demgemäß sind Basisspannung und Kollektorspannung mit dem positiven Pol – meistens über Widerstände – verbunden.

Noch ein kleiner Hinweis zu den Spannungen in Abb. 2.2.2-1a und b. Es sind dort die Bezeichnungen $U_E\sim$ und $U_A\sim$ zu erkennen. Hier handelt es sich bei der Bezeichnung $U_E\sim$ um die Eingangsspannung, die der Transistor verstärken soll, während $U_A\sim$ bereits die verstärkte Ausgangsspannung darstellt. In beiden Fällen trennt ein Kondensator C die Wechselspannung von der jeweiligen Betriebsgleichspannung des Transistors auf. Die Bezeichnung U_B an dem Basisanschluß zum Emitter bedeutet Basisgleichspannung. Sie wird von dem Emitteranschluß zum Basisanschluß gemessen. Der Spannungsteiler R_1 und R_2 stellt den erforderlichen Wert z. B. 0,6 V ein. Die Spannung U_C ist die Kollektorspannung. Auch sie wird von dem Emitter ausgehend zum Kollektor gemessen. Bei den Standardtransistoren darf sie 2...35 V betragen. Es gibt jedoch auch Transistoren, bei denen die Kollektorspannung für spezielle Anwendungen, z. B. Fernsehgeräten, bis 300 V oder sogar 1000 V betragen darf.

Natürlich können wir noch die Frage stellen, warum überhaupt PNP- und NPN-Transistoren, genügt nicht ein Typ? Der Grund ist einmal darin zu sehen, daß es vorkommen kann, daß eine Betriebsspannung vorgegebener Polarität besteht, wobei zum Beispiel der Massepunkt der Schaltung den positiven Pol führt, also müssen wir hier den PNP-Transistor einsetzen. Eine sehr häufige und oft angewandte Methode ist die Zusammenschaltung eines PNP- und NPN-Transistors als sogenannte Komplementärstufe. Das zeigt die *Abb. 2.2.2-2.* Dort steuern als Lautsprecherendstufe ein NPN- und ein PNP-Transistor den Lautsprecher mit großer Leistung an. Dabei wird die Verstärkung der positiven Halbwelle der Sinusspannung von dem

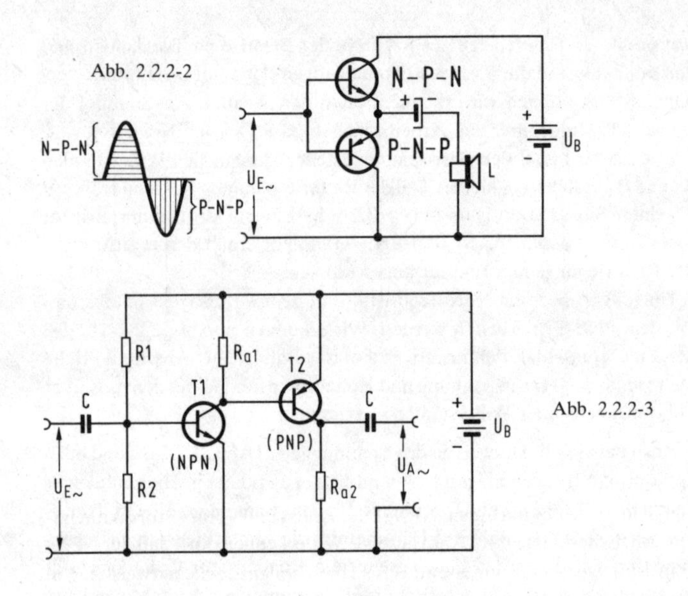

Abb. 2.2.2-2

Abb. 2.2.2-3

NPN- und die der negativen Halbwelle von dem PNP-Transistor übernommen. Beide Transistoren teilen sich die Arbeit auf. Sie sind also je zur Hälfte an der „Lautstärke" beteiligt.

Eine weitere Zusammenschaltung eines NPN- und PNP-Transistors zeigt *Abb. 2.2.2-3*. Der Transistor T_1, ein NPN-Typ, steuert an seinem Ausgang mit dem Kollektor die Basis des Transistors T_2, ein PNP-Typ an. Die Ausgangsspannung wird an dem Arbeitswiderstand R_{a2} des Transistors T_2 als $U_A\sim$ abgenommen. Eine derartige Schaltung hat eine sehr große Verstärkung – die Verstärkungen der beiden Transistoren T_1 und T_2 multiplizieren sich. Sie wird vorwiegend z. B. als Mikrofonverstärker benutzt.

2.2.3 Wir prüfen den PNP- und den NPN-Transistor mit dem Ohmmeter

Der Transistor verhält sich zwischen den Anschlüssen Basis-Emitter und Basis-Kollektor wie eine oder besser wie zwei Dioden. Das zeigt uns noch einmal die *Abb. 2.2.3-1*. Dabei müssen wir einen Unterschied machen, je

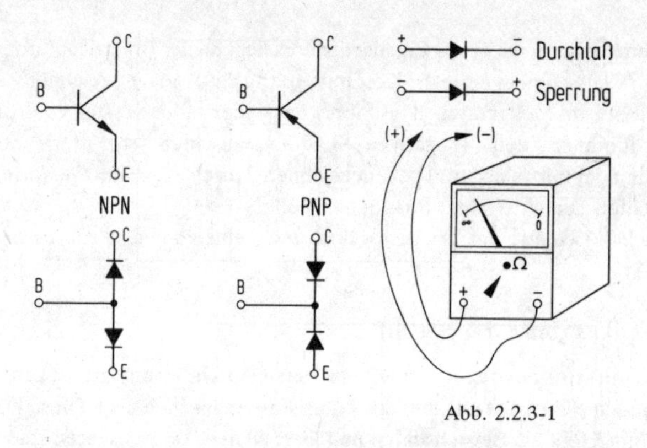

Abb. 2.2.3-1

nachdem, ob wir es mit einem NPN- oder einem PNP-Transistor zu tun haben. Auch dieses ist in der Abb. gezeigt. Wir erkennen dort, daß der NPN-Transistor zwischen Emitter und Basis eine Diodenstrecke aufweist, die in Durchlaßrichtung betrieben wird, wenn der positive Pol mit der Basis verbunden wird. Ähnlich verhält es sich mit der Basis-Kollektor-Diodenstrekke. Im Falle des PNP- oder NPN-Transistors ist zu erkennen, daß durch die Serienschaltung beider Dioden immer ein Sperrverhalten erreicht wird. Unser Ohmmeter darf also in dieser Prüfschaltung keinen Wert anzeigen!

Wir schalten das Vielfachinstrument jetzt auf den niedrigsten Ohmbereich – den x-1-Ω-Bereich –. Jede Diode zeigt uns in Durchlaßrichtung jetzt einen Durchlaßwiderstand von ca. 40...150 Ω. Das ist nicht nur vom Transistor abhängig, sondern auch von der Höhe des Meßstromes. Das wiederum liegt nun an unserem Meßgerät, und zwar ob es für den Ohmbereich mit 2 x 1,5 V = 3 V Batteriespannung oder 1 x 1,5 V Batteriespannung arbeitet. Schalten wir nun auf den höchsten Ohmbereich, so darf in Sperrichtung kein Ausschlag des Zeigers bei beiden Dioden erfolgen.

Sperrichtung heißt: Positiver Spannungspol der Ohmmeßschaltung an die Katode der Diode und negativer Spannungspol der Ohmmeßschaltung an die Anode der Diode.

Durchlaßrichtung heißt: Positiver Spannungspol der Ohmmeßschaltung an die Anode der Diode und negativer Spannungspol der Ohmmeßschaltung an die Katode der Diode.

Nun kommt noch etwas Eigenartiges (es liegt an der Innenschaltung unseres Vielfachmeßgerätes). Der mit + (positiv) gekennzeichnete Anschlußpol am Meßgerätegehäuse führt bei Widerstandsmessungen oftmals – nicht immer – den – (negativen) Spannungsanschluß der Batterie. Somit ist dann der mit – (negativ) gekennzeichnete Anschlußpol am Gehäuse der Anschluß der + (positiv) Spannungsquelle.

So läßt sich also der Transistor doch recht einfach einer Prüfung unterziehen.

2.2.4 Was sind Grenzdaten?

Ein Transistor bekommt von seinem Hersteller ein Kennblatt, in dem alle wichtigen elektrischen Daten des Transistors angegeben sind. Diese Daten sind unterteilt als Betriebsdaten und Grenzdaten. Betriebsdaten sind solche, mit denen der Transistor im Normalbetrieb arbeiten soll. Grenzdaten sind solche, die keinesfalls überschritten werden dürfen, um ein Zerstören des Transistors mit Sicherheit zu verhindern.

Wir merken uns: Der Elektroniker betreibt einen Transistor im Normalbetrieb aus Sicherheitsgründen weit von den Grenzwerten entfernt. Er baut die Elektronikschaltung so auf – Strombegrenzung durch die eingeschalteten Widerstände –, daß der Transistor die Grenzdaten nicht erreicht.

	Betriebsdaten	Grenzwerte
Kollektor-Emitterspannung	z. B. 15 V	45 V
Kollektorstrom	z. B. 10 mA	100 mA
Basisstrom	z. B. 0,2 mA	50 mA
Temperatur	z. B. 40°C	175 °C
Verlustleistung	z. B. 20 mW	300 mW

2.2.5 Die Basis-Emitterspannung – der Basisstrom

Aus dem Denkmodell der Abb. 2.2.3-1 haben wir bereits ersehen können, daß sich im Innern des Transistors zwischen dem Emitter-Basis- und dem Kollektoranschluß zwei ineinander übergehende Halbleiterdiodenstrecken „befinden“. Somit verhält sich auch die Basis-Emitterstrecke wie eine Di-

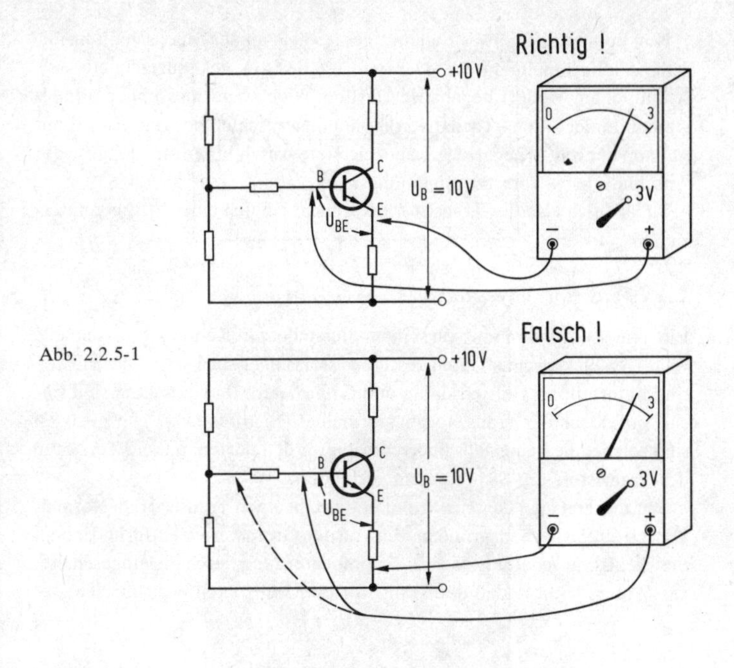

Abb. 2.2.5-1

ode, wobei ihre Anschlußpolarität je nach Typ des Transistors – PNP oder NPN – verschieden ist. Wird ein Transistor als Verstärker betrieben, so muß die Basis-Emitterdiode durch eine von außen angelegte Gleichspannung leitend gemacht werden. Das übernimmt die Betriebsspannung, die über den Basisspannungsteiler die Betriebsspannung auf die benötigte Basisspannung herabteilt. Wir hatten schon erläutert, daß ein NPN- oder PNP-Siliziumtransistor eine Basisspannung von ca. 0,6 V benötigt.

Dabei wollen wir uns gleich etwas sehr Wichtiges merken: Die Basisspannung wird mit unserem Vielfachmeßgerät für Kontrollzwecke immer vom Emitteranschluß zum Basisanschluß gemessen. Das gilt auch, wenn am Emitter- oder Basisanschluß noch Widerstände in Serie geschaltet sind. Also noch einmal: Als Basisspannung wird die Spannung bezeichnet, welche direkt an dem Basis-Emitteranschluß des Transistors gemessen wird. Sehen wir uns dazu die Abb. 2.2.5-1 an.

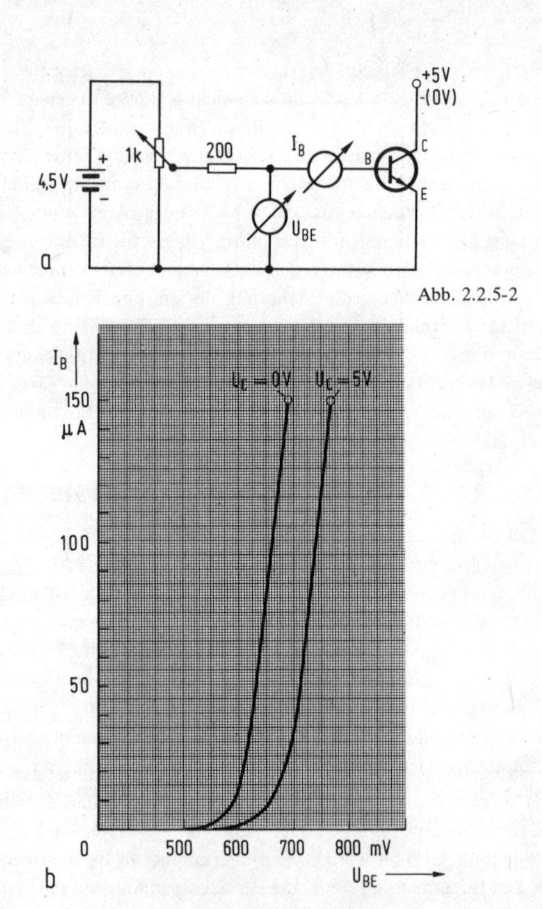

Abb. 2.2.5-2

Wenn wir eben erklärt haben, daß sich die Basis-Emitterstrecke wie eine leitende (in Durchlaß betriebene) Diode verhält, so gilt selbstverständlich hierfür auch eine Diodenkennlinie. Wir könnten nach Abb. 2.2.5-2*a* eine Meßschaltung aufbauen, welche die in der Kennlinie Abb. 2.2.5-2*b* angegebenen Werte erreicht. Nun erkennen wir allerdings in der *Abb. 2.2.5-2* zwei „Diodenkurven". Eine Kurve ist als $U_C = 0$, die andere mit $U_C = 5$ V gekennzeichnet. Die erstere Kurve gibt das reine Diodenverhalten der Basis-Emitterstrecke wieder. Die Kollektorspannung U_C ist dann 0 V. Der zweite Fall mit $U_C = 5$ V – es müssen nicht 5 V sein, es genügt eine Spannung U_C von mehr als ca. 1 V – ist für uns interessant. Diese Kennlinie ergibt sich, wenn der Transistor „eingeschaltet" ist und seine Betriebsspannung U_C an dem Kollektor erhält. Wir können somit feststellen, daß der Arbeitsbereich zwischen ca. 0,6...0,75 V liegt. Aber einer bestimmten Spannung U_{BE} ist diese Kurve recht linear, das ist für die unverzerrte Übertragung von Signalen wichtig, denn wir haben bereits kennengelernt, daß der geringe Basisstrom die Steuerung des starken Kollektorstromes im Transistor übernimmt. Diese Betrachtung gilt sowohl für den NPN- als auch für den PNP-Transistor. In beiden Fällen liegt ein gleicher Basisspannungs-/Basisstromverlauf vor, nur, daß zwischen dem PNP- und dem NPN-Transistor, wie bereits erklärt, die Polarität der Basisspannung – und damit des Stromes – unterschiedlich ist.

2.2.6 Die Kollektor-Emitterspannung – der Kollektorstrom

Die Schaltung in der Abb. 2.2.5-2a erweitern wir. Der Kollektor erhält eine regelbare Gleichspannung aus einer Batterie, das zeigt *Abb. 2.2.6-1a*. Mit dem Potentiometer P_1 kann in gewohnter Weise der Basisstrom I_B geregelt werden, während das Potentiometer P_2 die Kollektorspannung zwischen 0...9 V einstellt. Nun können wir uns selbstverständlich die Schaltung nach Abb. 2.2.6-1a aufbauen und das Verhalten bei verändertem Basisstrom oder Kollektorspannung studieren. Wenn wir nicht immer die Instrumente umklemmen wollen, benötigen wir allerdings zwei Strommeßgeräte und ein Voltmeßgerät dazu.

Nach Abb. 2.2.6-1*b* ist eine sehr wichtige Kennlinie gezeigt, die der Elektroniker als „I_C-U_C-Kennlinie bei verschiedenen Basisströmen" sehr häufig zu Rate zieht. Was ist passiert?

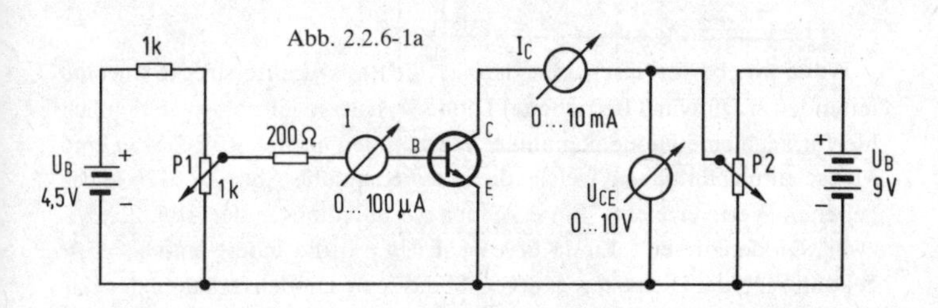

Abb. 2.2.6-1a

In einem U_{CE}-I_C-Diagramm sind unten rechts verschiedene Kollektorspannungswerte und nach oben eine Skala für Kollektorstrom aufgetragen. In der Abb. sind nun sechs Kennlinien (Datenkurven) des Transistors eingetragen. Jede Datenkurve hat als Kennzeichen ihre „Hausnummer", es ist hier der Basisstrom. Nach Abb. 2.2.6-1a ist folgendes gemacht worden. Das Potentiometer P_1 ist auf einen bestimmten Basisstrom, den das Instrument I_B anzeigt, eingestellt worden. So z. B. 15 µA (es ist die dritte Kennlinie von unten). Für diesen Basisstrom wurde nun der Kollektorstrom I_C mit dem Instrument I_C abgelesen. Er beträgt für den Fall I_B = 15 µA ca. 4,5 mA. Mit dem Potentiometer P_2 können nun verschiedene Kollektorspannungen eingestellt werden, welche das Instrument U_{CE} anzeigt.

Wichtig ist nun, zu erkennen, daß der Kollektorstrom auch bei Änderungen der Kollektorspannung bestehen bleibt – sich also bei einer Erhöhung der Kollektorspannung kaum merklich vergrößert.

Das trifft allerdings in dieser Schaltung nur für kleine Basis- und dementsprechend kleine Kollektorströme zu. Sehen wir uns die Abb. 2.2.6-1c und

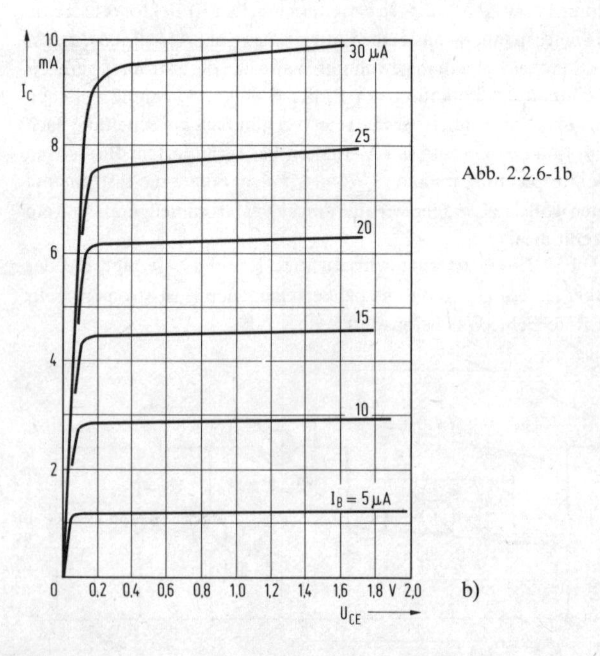

Abb. 2.2.6-1b

b)

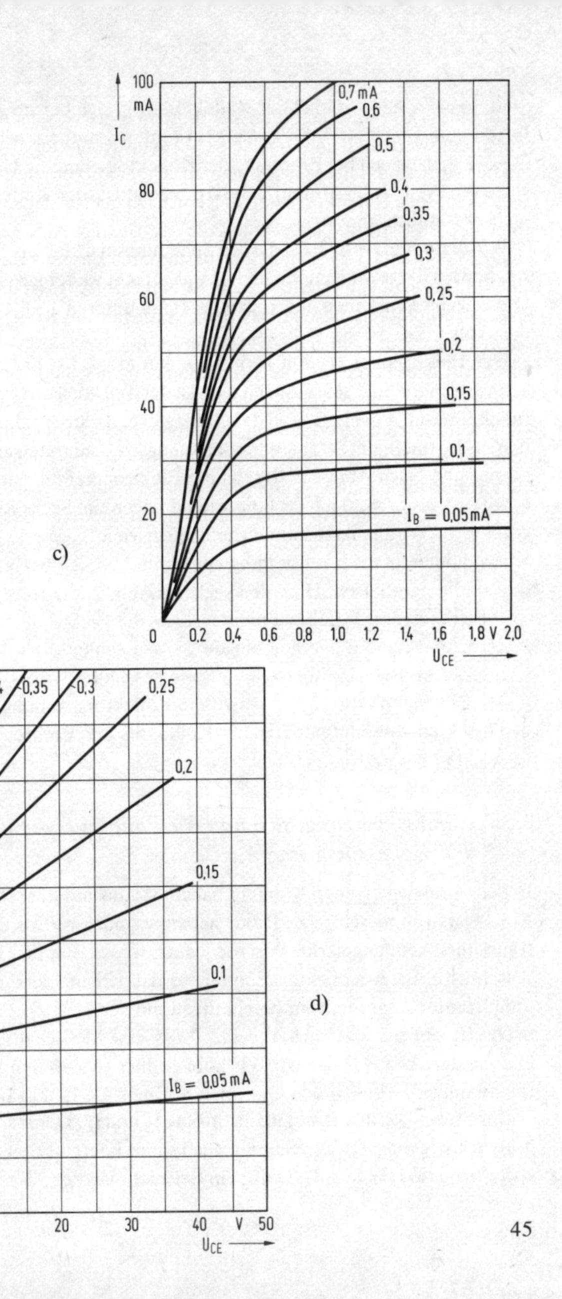
100
mA
I_C
80
60
40
20
0
0,2 0,4 0,6 0,8 1,0 1,2 1,4 1,6 1,8 V 2,0
U_{CE}
0,7 mA
0,6
0,5
0,4
0,35
0,3
0,25
0,2
0,15
0,1
I_B = 0,05 mA
c)
100
mA
I_C
80
60
40
20
0
10 20 30 40 V 50
U_{CE}
0,45
0,4
0,35
0,3
0,25
0,2
0,15
0,1
I_B = 0,05 mA
d)

d an, so erkennen wir, daß der Kollektorstrom sich bei steigender Kollektorspannung auch erhöht. Zusätzlich ist interessant, wir sehen es in Abb. 2.2.6-1 d, daß auch bei Erhöhung der Kollektorspannung U_{CE} über 2 V, so wie es in Abb. 2.2.6-1b und 2.2.6-1c gezeigt ist, der Kollektorstrom sich nicht wesentlich ändert.

Würden wir in Abb. 2.2.6-1b den Spannungsmaßstab bis 50 V erweitern, so könnten die sechs Kennlinien fast waagerecht weiter gezeichnet werden. Diese sechs Kennlinien liegen dann z. B. im unteren Teil (0...10 mA – I_C) der Abb. 2.2.6-1d.

Der Elektroniker ist nun bemüht, einen möglichst linearen Teil einer Transistorkennlinie auszunutzen. Das ist der Teil von Kurven, der einen geraden Verlauf aufweist, wobei das Grenzgebiet dadurch gekennzeichnet ist, daß bei irgendeinem Strom- oder Spannungswert eine steigende Unlinearität beginnt. Nach Abb. 2.2.1b setzt der Elektroniker das ganze Gebiet von $I_B = 0\ \mu A$ bis $I_B = 30\ \mu A$ als hinreichend linear ein. Sechs Kurven sind nur gezeigt, in Wirklichkeit können unendlich viele I_B-Werte eine derartige Kurve bilden, je nach Einstellung von P_1 in Abb. 2.2.6-1b. Diese Kurven liegen alle parallel zwischen den sechs in Abb. 2.2.6-1b gezeigten.

Durch geeignete Schaltmaßnahmen kann der Elektroniker die Kurven in Abb. 2.2.6-1c und d „gerade biegen". Dazu genügt oft schon ein Widerstand, der in dem Emitterzweig in Serie geschaltet wird.

Ähnlich wie in Abb. 2.2.5-1 wird die Kollektorspannung nur richtig an den direkten Anschlußpunkten des Kollektors und Emitters gemessen. Es ist wichtig, das zu wissen.

2.2.7 ...und wie verträgt sich nun der Emitterstrom mit dem Basis- und Kollektorstrom?

In den vorangegangenen Kapiteln haben wir uns mit dem Basis- und dem Kollektorstrom beschäftigt. Dafür haben wir auch bereits die wichtigsten Kennlinien kennengelernt. Wie wir jedoch wissen, hat der Transistor drei Anschlüsse, Basis-Kollektor-Emitter, so daß wir uns jetzt mit dem noch unbekannten Emitterstrom beschäftigen müssen.

Das ist sehr einfach. Nach *Abb. 2.2.7-1* ist eine Meßschaltung gezeigt, die ähnlich der Abb. 2.2.6-1 ist. Wir können hier jedoch den wichtigen Zusammenhang zwischen den einzelnen Strömen I_C, I_B und I_E erkennen.

Der Strom I_E teilt sich auf in die Ströme I_B und I_C. Demnach ist I_E immer größer als I_B oder I_C. Die Summe aus I_C und I_B ergibt den Strom I_E. Wir schreiben also $I_E = I_C + I_B$. Dafür ein Beispiel: Aus der Abb. 2.2.6-1b kön-

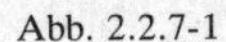
Abb. 2.2.7-1

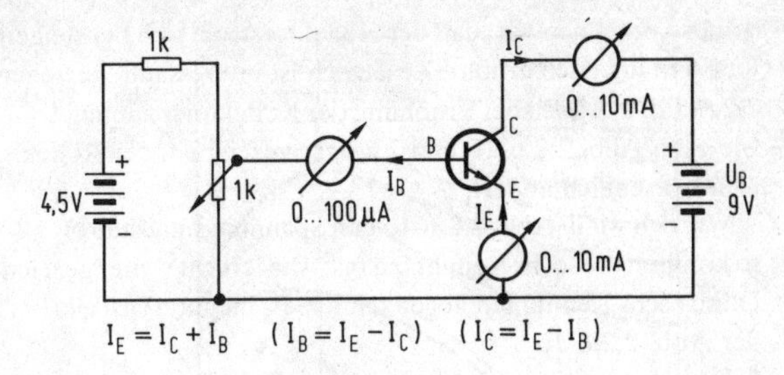

nen wir entnehmen, daß ein Basisstrom von 20 µA einen Kollektorstrom von 6,2 mA vorruft. Demnach zeigt das Instrument I_E im Emitterkreis jetzt die Summe dieser beiden Ströme an, also $I_E = I_C + I_B = 6{,}2\ \text{mA} + 20\ \mu\text{A} = 6{,}2\ \text{mA} + 0{,}02\ \text{mA} = 6{,}22\ \text{mA}$. Der Strom I_E ist hier also 6,22 mA groß.

Nun erkennen wir bereits eine wichtige Tatsache: Gegenüber dem Kollektorstrom ist der Basisstrom fast vernachlässigbar klein. Das ist richtig. Der Elektroniker rechnet bei Überschlagsrechnungen immer $I_E \cong I_C$. Er vernachlässigt also den kleinen Basisstrom. Aus der Praxis heraus merken wir uns:

Der Kollektorstrom ist ca. 40...800mal größer als der Basisstrom.
Dieser Multiplikationsfaktor ist vom Transistortyp abhängig und heißt Stromverstärkungsfaktor des Transistors.

2.2.8 Die Stromverstärkung des Transistors

Das Kapitel 2.2.7 hat uns bereits den Zusammenhang zwischen Basisstrom und Kollektorstrom erklärt. Das Verhältnis beider erklärt der Elektroniker als „Stromverstärkungsfaktor". Er kennzeichnet ihn mit dem Buchstaben B. Bei Kleinsignaltransistoren ist der Wert der Stromverstärkung meistens größer als 100. Transistoren werden oft nach Stromverstärkungsgruppen unterteilt. So gibt es z. B. die Typen

Typ	Stromverstärkung
BC 107 A	125...260
BC 107 B	240...500
BC 107 C	450...900

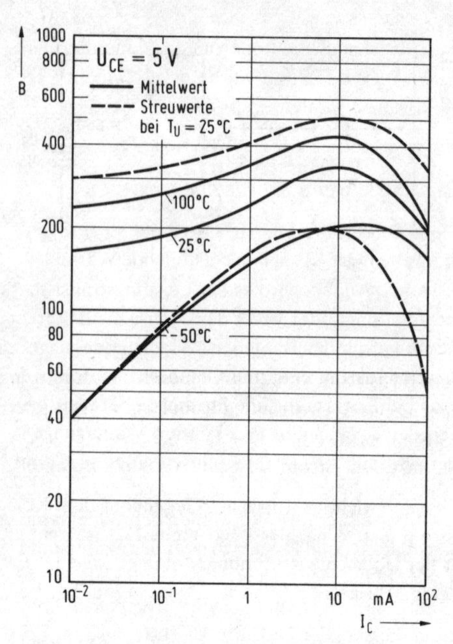

Abb. 2.2.8-1

Der Elektroniker kann sich also bei dem Typ BC 107 Transistoren mit drei verschiedenen Stromverstärkungen heraussuchen. Die Transistoren erhalten vom Hersteller die Bezeichnung A oder B oder C aufgestempelt. Somit ist es für die Auslegung einer Schaltung auch recht einfach festzustellen, welcher Kollektorstrom sich bei einem bestimmten Basisstrom einstellt. Der Basisstrom wird lediglich mit dem Wert der Stromverstärkung multipliziert.

Beispiel: Transistortyp BC 107 B, gewählter Basisstrom 20 µA, Stromverstärkung ca. 300 ergibt den Kollektorstrom mit 6 mA.

Nun ist die Stromverstärkung – wohl mit die wichtigste Kenngröße des Transistors – nicht konstant. Sie ist abhängig von der Größe des eingestellten Arbeitspunktes, also des Kollektorstromes. Diesen Zusammenhang zeigt uns die *Abb. 2.2.8-1.* Wir erkennen, daß bei dem gewählten Transistor (BC 107) die größte Stromverstärkung bei einem Kollektorstrom um 10 mA auftritt. Auch die Temperatur spielt noch eine Rolle, wie wir aus den Kennlinien ersehen können. Der Elektroniker wählt nun meistens einen Arbeitspunkt für den Kollektorstrom I_C, der unterhalb des optimalen Wertes liegt. Nach Abb. 2.2.8-1 würde er also einen Wert zwischen 500 μA bis 5 mA (10 mA) wählen.

2.2.9 Die Daten des Transistors, wenn er wärmer wird

Ein Kleinsignaltransistor, so z. B. der Typ BC 107, wird mit so geringen Strömen und Spannungen betrieben, daß die in ihm entstehende Wärmeleistung ihn nicht merklich erwärmt. Anders wird es bei Leistungstransistoren ohne genügende Wärmeableitung, oder wenn der Transistor BC 107 z. B. in der Nähe von Wärme entwickelnden Bauteilen (Widerstände) angeordnet ist, oder die Sonnenstrahlung ihn erwärmen kann.

Grundsätzlich werden dann bei Erwärmung alle Ströme des Transistors ansteigen. Es verschiebt sich der Arbeitspunkt, es können Verzerrungen eintreten, durch die große Erwärmung > 100 °C Gehäusetemperatur kann der Transistor bereits zerstört werden.

Der Versuch in *Abb. 2.2.9-1* beweist es uns. Wir wählen den Widerstand $R_E = 1\,k\Omega$ und den Spannungsteiler R_2 und R_1 so, daß über den Widerstand R_1 eine Spannung von ca. 1,6 V abfällt. Beispiel: R_1 = ca. 1500 Ω, R_2 = ca. 7500 Ω. Als Batterie wird eine 9-V-Zelle benutzt. Wir werden nach Abb. 2.2.9-1*a* einen Kollektorstrom messen, der z. B. 1 mA betragen kann. Erwärmen wir den Transistor nach Abb. 2.2.9-1*b*, so steigt der Kollektorstrom auf z. B. 1,1 mA an. Die Spannung U_{BE} wird kleiner. Durch den gro-

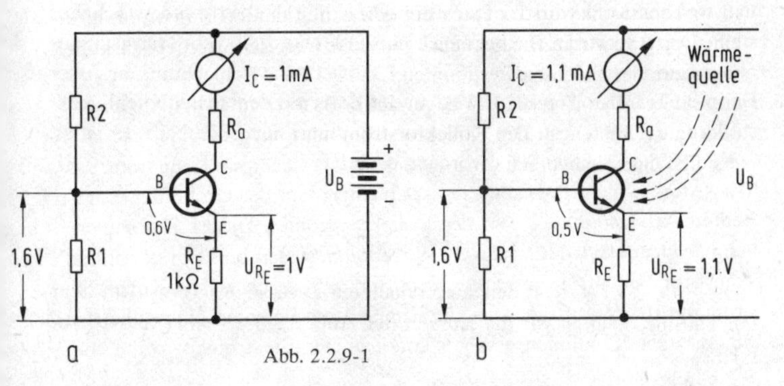

Abb. 2.2.9-1

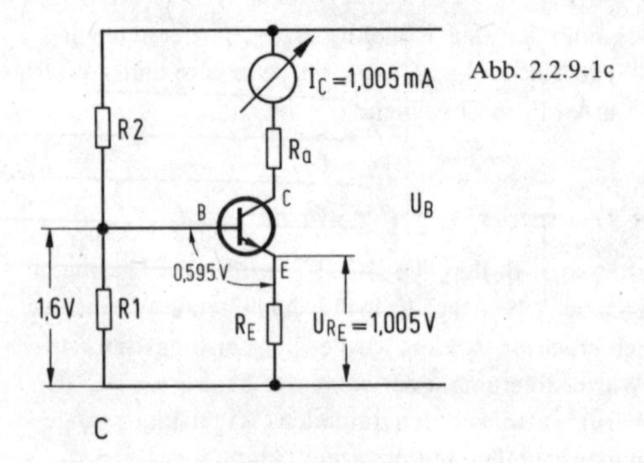

Abb. 2.2.9-1c

ßen Kollektorstrom wird die Spannung U_{RE} größer. Lassen wir den Transistor wieder auf Zimmertemperatur abkühlen, so sinkt der Strom wieder langsam auf den ersten Wert. Abb. 2.2.9-1c zeigt z. B. einen Zwischenwert mit entsprechenden Spannungs- und Stromdaten bei geringer Erwärmung. Wir merken uns noch einmal: Bei Erwärmung steigen alle Stromwerte eines Transistors an – das kann unter Umständen zu einer Zerstörung des Transistors führen. Sehen wir uns hier auch noch einmal die Abb. 2.2.8-1 an, welche die Abhängigkeit der Stromverstärkung von der Temperatur zeigt.

2.3 Der Transistor als elektronischer Schalter

In der Elektronik wird der Transistor sehr häufig als elektronischer Schalter eingesetzt. So wird z. B. über eine Lichtsonde (Fotozelle) ein Transistor angesteuert, der bei einem bestimmten Lichtwert eine Beleuchtung ein- oder ausschaltet. Der Transistor wird an der Basis mit dem Schaltbefehl „ein“ oder „aus“ gesteuert. Der Kollektorstrom führt den Befehl aus. Er ist es, der den eigentlichen Schaltvorgang einleitet.

2.3.1 Der Transistor ist „AUS“-geschaltet

Die *Abb. 2.3.1-1* zeigt den ausgeschalteten Zustand des Transistors. Zur Erklärung nehmen wir die Kurven der Abb. 2.2.5-2b und 2.2.6-1d zur Hilfe.

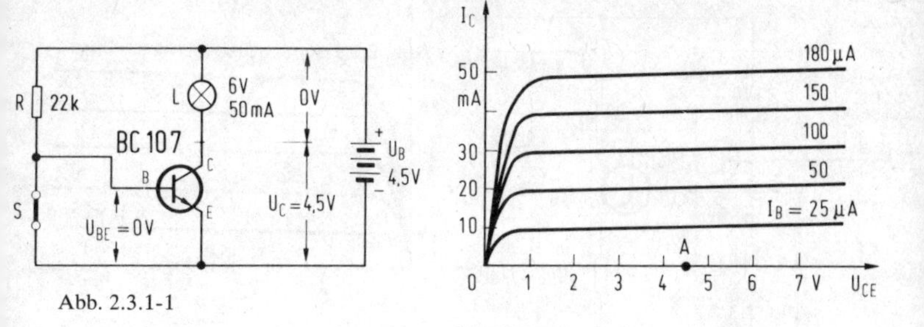

Abb. 2.3.1-1

In der Abb. 2.3.1-1, die wir uns gleich einmal aufbauen – dazu genügt ein „gelöteter Drahtigel" –, ist der Schalter S geschlossen und damit die Basis mit dem Emitter verbunden. Die Spannung zwischen Basis und Emitter ist somit 0 V. Sehen wir uns dazu die Abb. 2.2.5-2b an, so erkennen wir, daß eine Basisspannung von 0 V mit Sicherheit einen Basisstrom von 0 µA nach sich zieht. Nach Abb. 2.2.6-1d ist bei einem Basisstrom von 0 µA – das kann dort als Kennlinie nicht eingezeichnet werden – der Kollektorstrom ebenfalls Null. Der Transistor ist also bei Basisspannung Null „ausgeschaltet", er erzeugt keinen verstärkten Kollektorstrom. Nach Abb. 2.2.5-2b wird er erst ab Spannungen von ca. 0,5 V an „schwach" leitend. Im ausgeschalteten Zustand ist also der Punkt A in der Kennlinie Abb. 2.3.1-1 maßgebend. Wir entnehmen daraus:

Basisstrom = Null, Kollektorstrom = Null, Kollektorspannung U_{CE} = 4,5 V, Lampenspannung = Null (denn es fließt ja kein Strom).

2.3.2 Der Transistor ist „EIN"-geschaltet

Anders im eingeschalteten Zustand nach *Abb. 2.3.2-1*. Der Schalter S ist dort ausgeschaltet. Die Basis erhält über den Widerstand R = 22 kΩ einen Basisstrom I_B. Diesen können wir uns überschlägig ausrechnen aus:

$$I_B = \frac{U_R}{R} = \frac{3{,}9\ \text{V}}{22\ \text{k}\Omega} = 177\ \mu\text{A}.$$

Wieso U_R = 3,9 V? Nun, wir wissen, daß die Basisspannung im leitenden Zustand der Emitter-Basisdiode ca. 0,6 V beträgt. Somit verbleibt von den 4,5 V der Batteriespannung die Teilspannung von 4,5 V – 0,6 V = 3,9 V an dem Widerstand R = 22 kΩ.

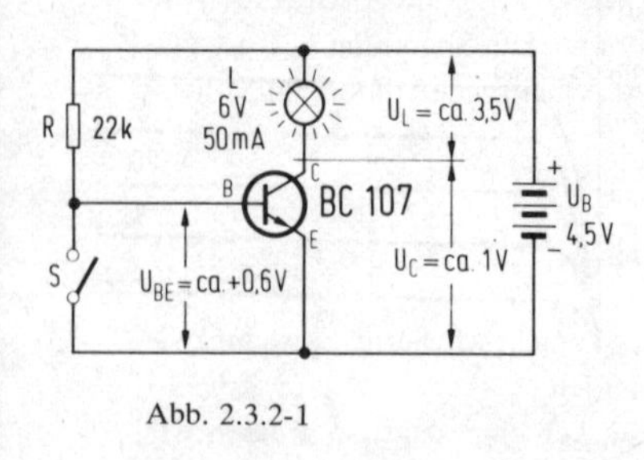

Abb. 2.3.2-1

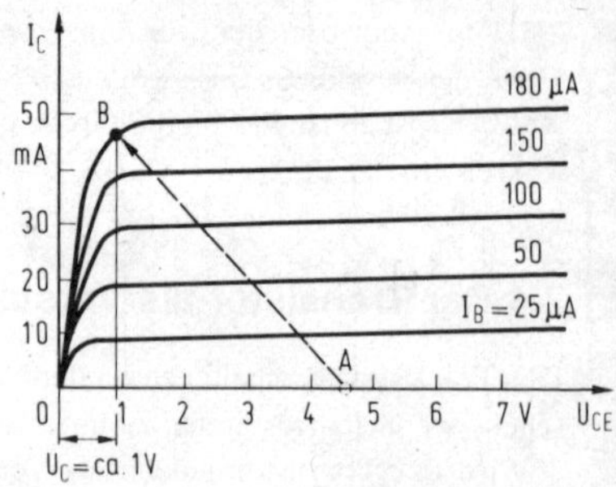

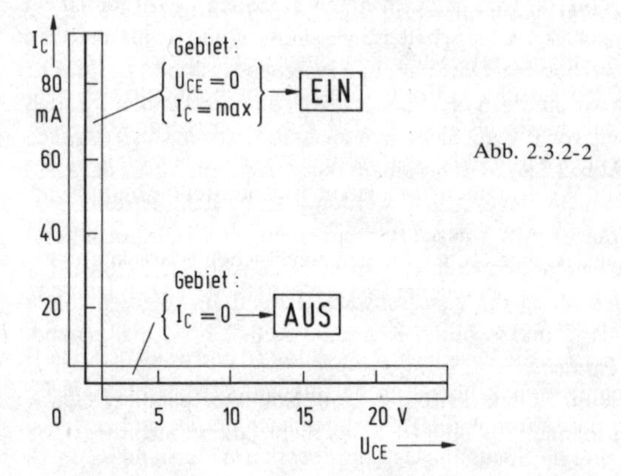

Abb. 2.3.2-2

In der Kennlinie von Abb. 2.3.2-1 ist dann bei dem Basisstrom von ca. 180 µA der maximale Kollektorstrom von ca. 45 mA erreicht. Die Kollektorrestspannung U_{CE} beträgt hiermit ca. 1 V. Die Lampenspannung demnach 4,5 V (U_B) – 1 V (U_{CE}) = 3,5 V. Bei maximal möglichem Kollektorstrom eines vorgegebenen Basisstromes spricht der Elektroniker dann von dem „eingeschalteten" Zustand des Transistors.

Die *Abb. 2.3.2-2* gibt noch einmal das Prinzip der Ein- und Ausschaltung mit dem Transistor wieder. Im Zustand „AUS" liegt der Arbeitspunkt A nach Abb. 2.3.1-1 irgendwo auf der Spannungsachse U_{CE}. Dieses „Irgendwo" wird durch die Höhe der Batterie(Beriebs)spannung bestimmt. Der Strom I_C ist Null. Im Zustand „EIN" liegt der Arbeitspunkt nach Abb.

2.3.2-1 irgendwo auf der I_C-Stromachse. Dieses „Irgendwo" wird durch die Höhe des gewählten Basisstromes bestimmt. Die Spannung U_{CE} ist fast Null! Das ist abhängig von der Größe des Arbeitswiderstandes im Kollektorkreis. In der Praxis 0,1 V...0,3 V.

2.4 Der Transistor als Verstärker

Den Transistor als Schalter zu verstehen, war nicht schwierig. Es ist nur zwischen zwei Schaltzuständen zu unterscheiden.

Wird der Transistor jedoch als Verstärker eingesetzt, so müssen wir schon etwas mehr nachdenken.

2.4.1 Die Basisteilerwiderstände und der Arbeitspunkt

Wir hatten in den vorherigen Kapiteln kennengelernt, daß der Transistor zum Arbeiten als Voraussetzung für den Basisanschluß einen Basisstrom benötigt. Auch haben wir festgestellt, daß dieser Basisstrom bei dem NPN-Transistor vom Emitter über die Basis fließt. Dazu sehen wir uns jetzt die *Abb. 2.4.1-1* an. Wir erkennen dort, daß in dem Emitter die Summe aus Basisstrom I_B und Kollektorstrom I_C fließt. Vor der Basis sind jetzt zwei Widerstände R_1 und R_2 angeordnet, die den eigentlichen Basisspannungsteiler bilden. Der Praktiker berechnet diese Widerstände jetzt folgendermaßen:

Zunächst denkt er sich die Basis nicht angeschlossen und wählt den Basisteilerstrom I_{R1} mindestens zehnmal größer als den gewünschten Basisstrom. Bei einem Basisstrom von 10 μA ist demnach der Strom $I_{R1} \geqq 100$ μA. Setzen wir weiter die Spannung U_{BE}, die über den Widerstand R_1 durch den Strom I_{R1} entstehen muß, mit ca. 0,6 V (U_{BE}) an, so ergibt sich die Größe von R_1 zu.

$$R_1 = \frac{U_{BE}}{I_{R1}} = \frac{0{,}6\ \text{V}}{100\ \mu\text{A}} = 6\ \text{k}\Omega.$$

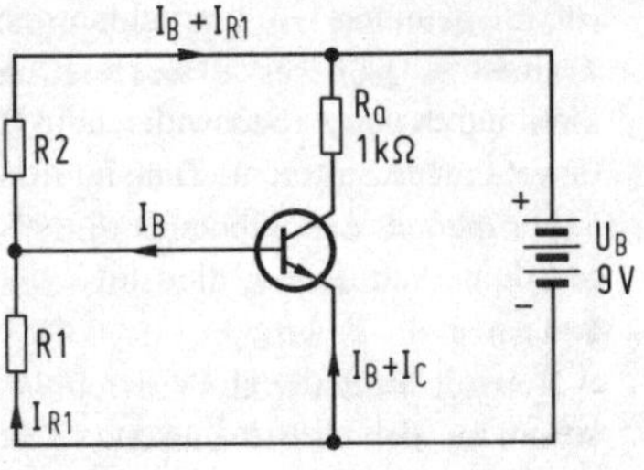

Abb. 2.4.1-1

Der Widerstand R_2 errechnet sich aus seiner Spannung und seinem Strom. Seine Spannung ist hier:

$U_B - U_{BE} = 9\ V - 0{,}6\ V = 8{,}4\ V$. Sein Strom beträgt
$I_B + I_{R1}$, also $10\ \mu A + 100\ \mu A$. So wird er dann

$$R_2 = \frac{8{,}4\ V}{110\ \mu A} = 76{,}4\ k\Omega\text{; wir wählen } 75\ k\Omega\text{, groß.}$$

Der Elektroniker kontrolliert jetzt allerdings die Rechnung durch einen praktischen Versuch, denn der Basisstrom ist bestimmend für den gewünschten Arbeitspunkt des Transistors. Wird der Transistor als Verstärker eingesetzt, so ist der günstigste Arbeitspunkt dann erhalten, wenn der Spannungsabfall an dem Widerstand R_a etwa so groß ist wie die halbe Batteriespannung, also hier 4,5 V. Das bedeutet, die Kollektorspannung U_{BE} hat dann den gleichen Wert, also 4,5 V. Wird ein Widerstand von 1 kΩ eingesetzt, Abb. 2.4.1-1, so ist dementsprechend ein Kollektorstrom von 4,5 mA erforderlich, um den gewünschten Spannungsabfall zu erreichen. Wird das durch die Wahl von R_1 und R_2 nicht sofort erzielt, so macht der Elektroniker den Widerstand R_1 oder R_2 oder einen Teil dieser Widerstände regelbar. So z. B. setzt er anstelle von R_1 einen 3,3-kΩ-Widerstand ein und schaltet einen 10-kΩ-Trimmwiderstand in Serie. Damit erhält er eine Widerstandsänderung von R_1, die von 3,3...13,3 kΩ reicht. Nun wird ein Voltmeter zwischen Kollektor und Emitter geschaltet und die gewünschte Spannung U_{CE} mit dem 10-kΩ-Trimmpotentiometer eingestellt.

Wir merken uns: Der Elektroniker stellt durch den regelbaren Basisteiler den gewünschten Arbeitspunkt des Transistors ein, indem er die dafür erforderliche Spannung U_{CE} mit einem Voltmeter feststellt.

2.4.2 Was bewirkt nun der Arbeitswiderstand R_a im Ausgangskreis?

Der Basisstrom, welcher z. B. durch die Steuerwirkung eines Mikrofones ständig geändert wird, hat eine um den Faktor der Stromverstärkung des Transistors größeren Kollektorstrom zur Folge. Dieser Kollektorstrom fließt durch den Arbeitswiderstand R_a. Durch die vom Mikrofon gesteuerte, verstärkte Stromänderung I_C tritt am Arbeitswiderstand R_a eine Stromänderung auf, die einen entsprechend großen Spannungsabfall an diesem entstehen läßt. So hat die Basisstromänderung eine Kollektorspannungsänderung zur Folge.

Beispiel: Ist der Kollektorstrom in der Abb. 2.4.1-1 4,5 mA groß (Ruhestrom für den Arbeitspunkt), so ist der Betrag der Kollektorspannung

4,5 V. Ändert sich nun der Kollektorstrom um ± 2 mA auf 6,5 mA und 2,5 mA durch entsprechende Basisstromänderung z. B. eines Mikrofones als Steuerelement, so erhalten wir eine Sprechspannung von 6,5 mA · 1 kΩ = 6,5 V bis 2,5 mA : 1 kΩ = 2,5 V, also als Differenz hat der Transistor eine Sprechspannung von 4 V erzeugt.

Noch etwas Wichtiges zum Nachdenken. Dazu betrachten wir die Abb. 2.4.1-1. Beträgt der Kollektorstrom I_C, der durch den Widerstand R_a fließt, wie oben erwähnt 6,5 mA, so ist der Spannungsabfall (die Spannung) am Widerstand R_a 6,5 V groß. Die Kollektorspannung U_{CE} jedoch in diesem Falle nur $U_B - U_{Ra} = 9\ V - 6{,}5\ V = 2{,}5\ V$. Bei einem Strom I_C von 2,5 mA ist demnach die Kollektorspannung U_{CE} 9 V – 2,5 V = 6,5 V groß. Die Summe aus Kollektorspannung U_{CE} und U_{Ra} ergibt immer die Batteriespannung U_B. Das ist wichtig zu wissen!

2.4.3 Wie groß wählen wir den Arbeitswiderstand?

Der Elektroniker muß hier viele Faktoren berücksichtigen... die obere Grenzfrequenz, die Rauscheigenschaften, den Eingangswiderstand der nächsten Stufe usf. Wir beschränken uns auf das wichtigste Problem. Es ist die verzerrungsfreie Übertragung von Signalen bei möglichst großer, verstärkter Ausgangsspannung.

Nach *Abb. 2.4.3-1a* stellen wir folgende Überlegung an. Zuerst müssen wir aus den Transistordaten den Kollektorruhestrom bestimmen, z. B. 2,5 mA. Dann ist es erforderlich, die Batteriespannung zu wissen, z. B. 9 V und dem Transistor eine Spannung U_{CE} von mindestens 1 V (Restspannung) zu belassen. Nach Abb. 2.4.3-1a ist dann eine Aussteuerung von 9...1 V also 8 V_{ss} gegeben. Ohne Ansteuerung muß die Kollektorgleichspannung 5 V betragen, wie wir sehen.

Mit diesem Wissen läßt sich der Arbeitswiderstand R_a leicht ausrechnen. Bei einem Ruhestrom von 2,5 mA müssen an ihm 4 V abfallen, also

$$R_a = \frac{U_{Ra}}{I_C} = \frac{4\ V}{2{,}5\ mV} = 1{,}6\ k\Omega.$$

Was passiert, wenn der Widerstand R_a falsch mit z. B. 800 Ω eingesetzt wird? Nach Abb. 2.4.3-1*b* erkennen wir, daß die Ruhespannung U_{CE} jetzt 7 V groß ist. Aus $I_C = 2{,}5$ mA und $R_a = 800\ \Omega$ ergibt sich $U_{Ra} = 2$ V. Diese ziehen wir von der Batteriespannung in gewohnter Weise ab und erhalten 7 V. Eine Sinusspannung bei voller Ansteuerung zeigt das in Abb. 2.4.3-1b

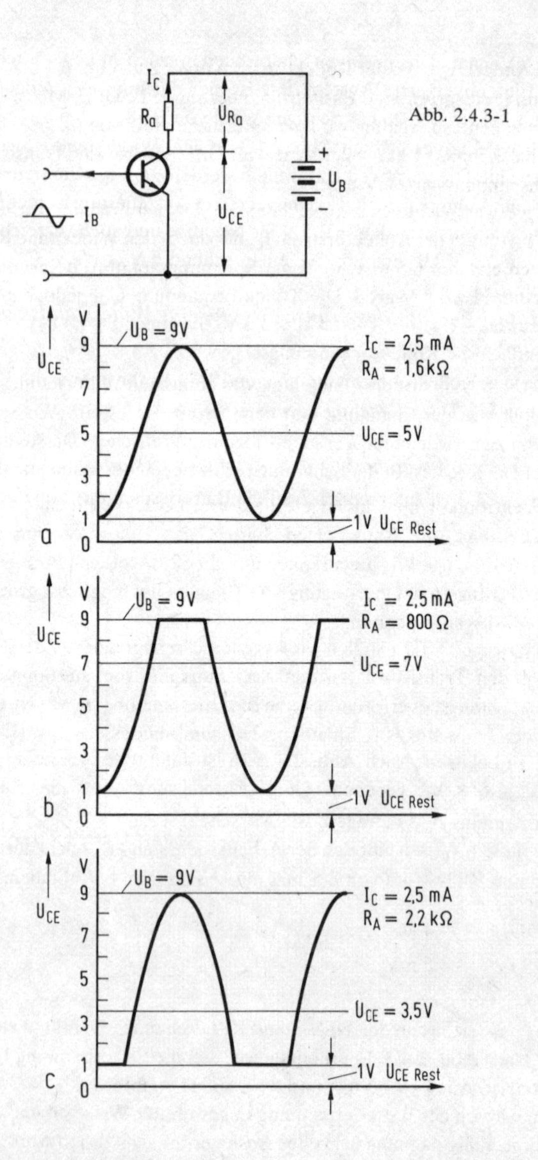

I_C
R_a
U_{Ra}
+
U_B
−
I_B
U_{CE}
U_{CE}
V
9
7
5
3
1
0
a
$U_B = 9V$
$I_C = 2,5$ mA
$R_A = 1,6 k\Omega$
$U_{CE} = 5V$
1V $U_{CE\ Rest}$
U_{CE}
V
9
7
5
3
1
0
b
$U_B = 9V$
$I_C = 2,5$ mA
$R_A = 800\ \Omega$
$U_{CE} = 7V$
1V $U_{CE\ Rest}$
U_{CE}
V
9
7
5
3
1
0
c
$U_B = 9V$
$I_C = 2,5$ mA
$R_A = 2,2\ k\Omega$
$U_{CE} = 3,5V$
1V $U_{CE\ Rest}$

Abb. 2.4.3-1

verzerrte Signal. Die positiven Halbwellen werden abgeschnitten (verzerrt). Eine unverzerrte Ansteuerung ist hier nur mit 4 V_{ss} möglich – in Abb. 2.4.3-1a waren es bei richtiger Wahl von R_a 8 V_{ss}!

Ähnlich verhält es sich mit Abb. 2.4.3-1*c*. Der Widerstand R_a wurde zu groß gewählt. Die negativen Halbwellen werden stark beschnitten. Es tritt wieder eine Verzerrung ein. Eine unverzerrte Ansteuerung ist hier nur mit 5 V_{ss} möglich aus: 3,5–1 V = 2,5 V ins Negative und auch verzerrungsfrei 2,5 V von 3,5 V U_{CE} ins Positive entsprechend 5 V_{ss}.

2.4.4 Eine Kennlinie des Transistors und eine Widerstandskennlinie sind sehr wichtig

In der *Abb. 2.4.4-1* ist die Darstellung des ohmschen Widerstandes in Abhängigkeit von der Spannung und dem Strom dargestellt. Wir sprechen auch von der Widerstandsgeraden, oder der grafischen Darstellung des Ohmschen Gesetzes. In der Schaltung rechts neben der Widerstandskurve in Abb. 2.4.4-1 ist zu erkennen, daß die Batteriespannung von 0...9 V re-

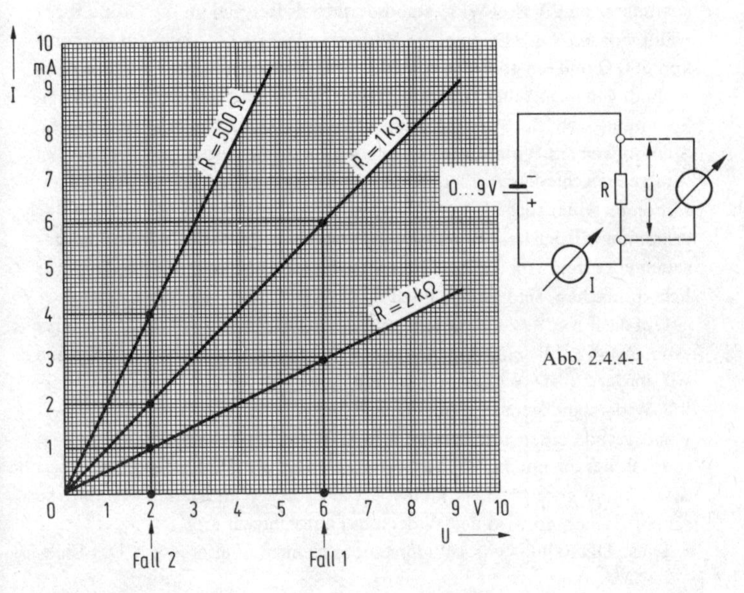

Abb. 2.4.4-1

gelbar ist. Außerdem ist zu sehen, daß diese Spannung in der Schaltung direkt an den Widerstandsanschlüssen liegt. Ferner wird in einem Milliamperemeter der Strom gemessen. In der Darstellung wird auf der horizontalen, der sogenannten X-Achse der grafischen Darstellung, die Spannung von 0...9 V, also bis zur Batteriespannung, eingetragen.

Auf der vertikalen Achse, der sogenannten Y-Achse, wird der Strom eingetragen. Die Größenordnung der Stromdarstellung läßt sich im Vorwege aus der kleinsten Größe des betrachteten Widerstandes und der maximalen zur Verfügung stehenden Spannung ermitteln. Arbeiten wir z. B. mit einer maximalen Spannung von 20 V und einem kleinsten Widerstand von 500 Ω, so fließt nach dem Ohmschen Gesetz ein Strom ein

$$I = \frac{U}{R}, \text{ also } I = \frac{20\ \text{V}}{500\ \Omega} = 0{,}04\ \text{A} = 40\ \text{mA}.$$

In diesem Falle würden wir also die größten Stromwerte 40 mA (evtl. 50 mA) für die Y-Achse festlegen. Daß wir die Achsen dann linear, d. h. gleichmäßig, unterteilen, versteht sich von selbst.

Nun jedoch zurück zu der Abb. 2.4.4-1. Es sind dort für die Batteriespannung von 9 V drei Widerstandsgerade als Beispiel für die Größe R gewählt worden. Da ist einmal ein Widerstand von 1 kΩ, dann ein kleinerer von 500 Ω und ein größerer von 2 kΩ. Wir können nun ohne weitere Ausrechnungen nach dem Ohmschen Gesetz, sehr schnell ablesen, bei welchen Spannungen welche Ströme fließen. Oder aber auch, welche Ströme welche Spannungen am Widerstand entstehen lassen. Wie gesagt, sind als Beispiel für drei verschiedene Widerstände drei Widerstandsgerade eingezeichnet. Für einen willkürlich als Beispiel herausgegriffenen Fall 1 in Abb. 2.4.4-1 erkennen wir, daß bei einer Spannung von 6 V an der 1-kΩ-Widerstandsgeraden ein Strom von 6 mA auf der Stromachse abzulesen ist. Um das deutlich zu machen, sind Hilfs-Linien eingezeichnet.

Um das Erlernte zu vertiefen, betrachten wir gleich den Fall 2 in unserer Abb. 2.4.4-1. Für eine angenommene Spannung von sagen wir 2 V lesen wir an der 500-Ω-Widerstandsgeraden einen Strom von 4 mA ab. Die 1-kΩ-Widerstandsgerade ergibt einen Strom von 2 mA und die 2-kΩ-Widerstandsgerade einen solchen von 1 mA. Wir erkennen daraus:

Je steiler in einem Widerstandsdiagramm die Widerstandskurve zur Stromkurve gezeigt ist, je kleiner ist auch der Widerstand. Verläuft die Kurve flacher, so wird der Widerstand automatisch größer.

Diese Darstellung eines Widerstandes ist nicht uninteressant. Der Elek-

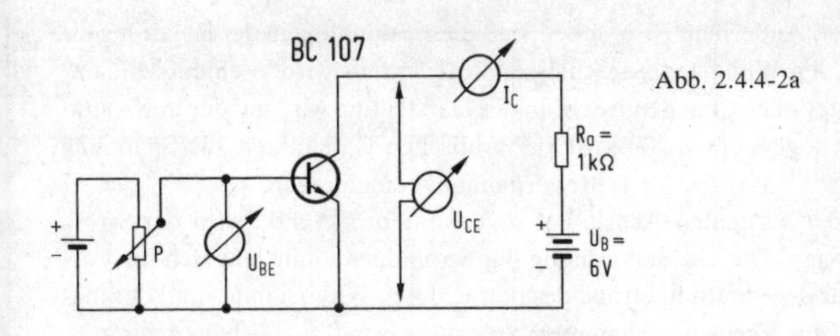

Abb. 2.4.4-2a

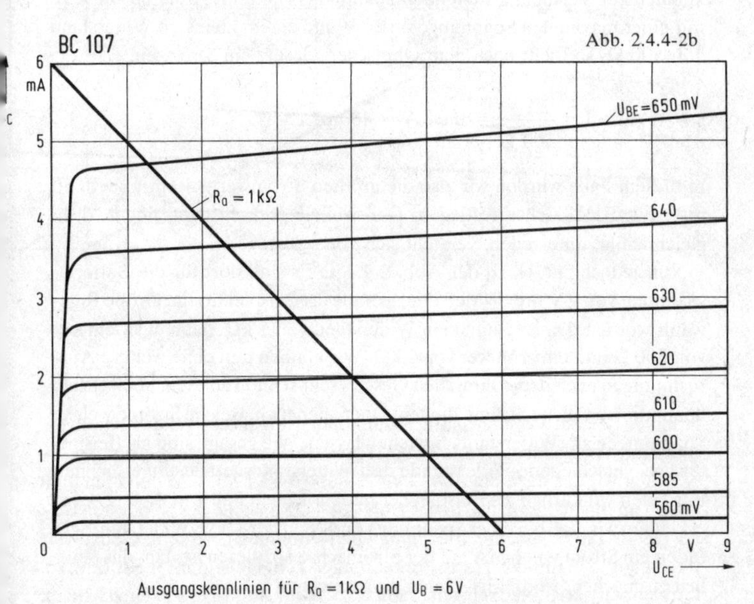

Abb. 2.4.4-2b

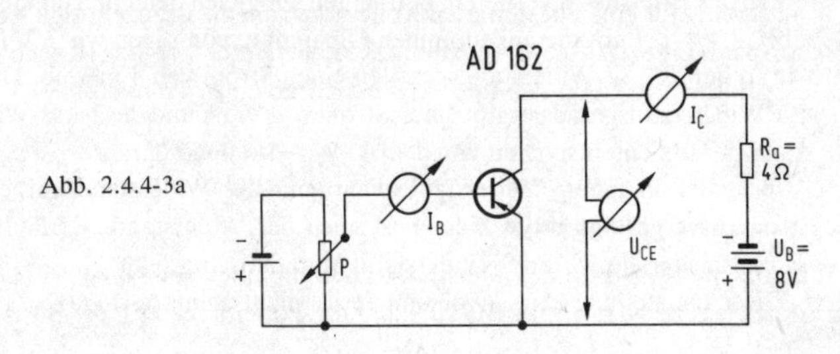

Abb. 2.4.4-3a

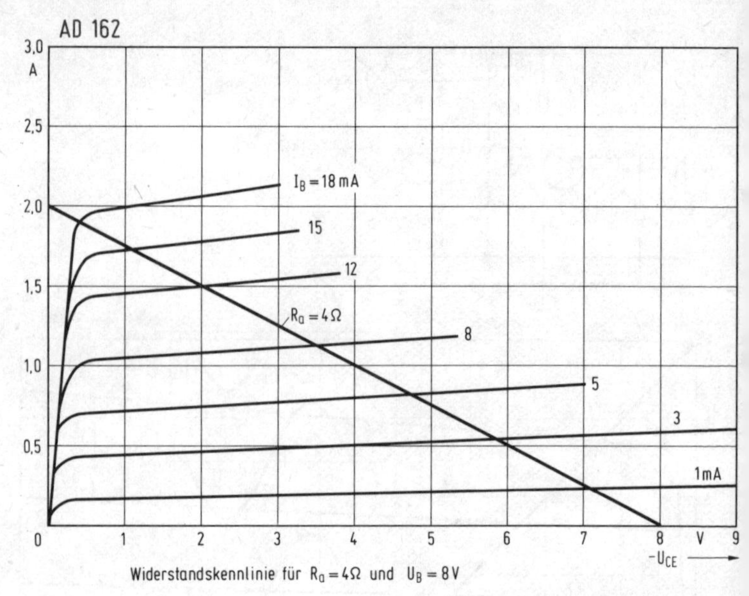

Abb. 2.4.4-3b

troniker benutzt sie sehr häufig. Nun können wir dieses Wissen benutzen und eine Widerstandsgerade in ein Transistorkennlinienfeld eintragen.

Sehen wir uns dazu die *Abb. 2.4.4-2a* und *b* und *2.4.4-3a* und *b* an und stören uns nicht daran, daß in der Abb. 2.4.4-2b anstelle des bekannten Basisstromes die Basisspannung einmal die Kennlinien bestimmt. Gehen wir davon aus, daß uns die Transistorkennlinien kein Geheimnis mehr sind, so können wir jetzt jederzeit eine beliebige Widerstandsgerade einzeichnen und sofort für einen bestimmten Kollektorstrom die dazugehörige Kollektorspannung als Ausgangsspannung ablesen. Dieser Vorgang ist wichtig bei der Betrachtung von Aussteuereigenschaften eines Transistors.

2.4.5 Etwas über die Polarität der Ausgangsspannung U_{CE} ...die Phasenlage

Betrachten wir dazu die Abb. 2.4.4-2a und b noch einmal. Wird bei dem dort gezeigten Transistor BC 107 über das Potentiometer P die Basisspan-

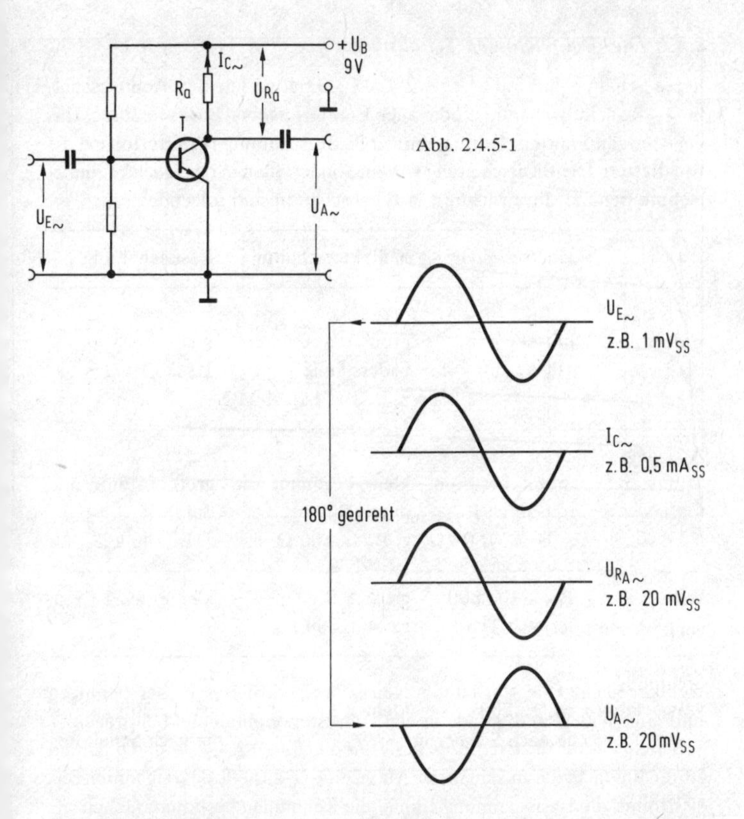

Abb. 2.4.5-1

nung und somit der Basisstrom erhöht, also positiver, so steigt der Kollektorstrom I_C. Aus der Abb. 2.4.4-2b geht nun hervor, daß bei steigendem Kollektorstrom die Spannung U_{CE} kleiner wird, da über den Widerstand R_a sich ein größerer Spannungsabfall bildet.

Wird also das Eingangssignal positiver, so ändert sich das Ausgangssignal negativer. Es dreht sich um. Der Elektroniker spricht von einer Phasenverschiebung zwischen Eingangs- und Ausgangssignal von 180°. Umgekehrt, liefert das Mikrofon z. B. gerade eine negative Halbwelle, so entsteht an dem Kollektor eine positive Halbwelle.

...Denken wir noch einmal darüber nach und sehen uns dazu abschließend die *Abb. 2.4.5-1* an.

2.4.6 *Die drei wichtigen Schaltungen mit dem Transistor*

Diese Schaltungen sind in *Abb. 2.4.6-1* gezeigt und heißen Emitterschaltung – Kollektorschaltung (oder auch Emitterfolger) – Basisschaltung. Davon sind die Emitterschaltung und Kollektorschaltung (Emitterfolger) die wichtigsten. Die Basisschaltung wird in Sonderfällen in der Hochfrequenztechnik benutzt. Ihre wichtigsten Eigenschaften sind folgende:

	Emitterschaltung	Kollektorschaltung	Basisschaltung
Eingangs-widerstand	mittel 100 Ω...50 kΩ	groß ≙ Basisteiler-widerstände z. B. 100 kΩ...1 MΩ	klein 10 Ω...1 kΩ
Ausgangs-widerstand	mittel, bestimmt mit durch R_a z. B. 1...180 kΩ	klein, bestimmt mit durch R_E z. B. 1...500 Ω	groß, bestimmt mit durch R_a z. B. 100 kΩ
Strom-verstärkung	B ca. 40...800 je nach Typ	groß ≙ B ca. 40...800	kleiner als 1
Spannungs-verstärkung	ca. 1...200 je nach Schaltung	kleiner 1	ca. 1...200 je nach Schaltung
Leistungs-verstärkung	mittel	groß	mittel
Phasenumkehr $U_C \rightleftarrows U_A$ je 180°	ja	nein	nein

Die Emitterschaltung ist die Standardschaltung mit dem Transistor. Die Kollektorschaltung oder häufig auch Emitterfolgerschaltung nach Abb. 2.4.6-1 wird oft angewandt, wenn der Signalgeber, z. B. das Mikrofon oder ein Lichtsensor (Fotozelle) nur sehr geringe Ströme abgibt und so gut wie nicht durch einen Transistoreingangswiderstand belastet werden darf. Der

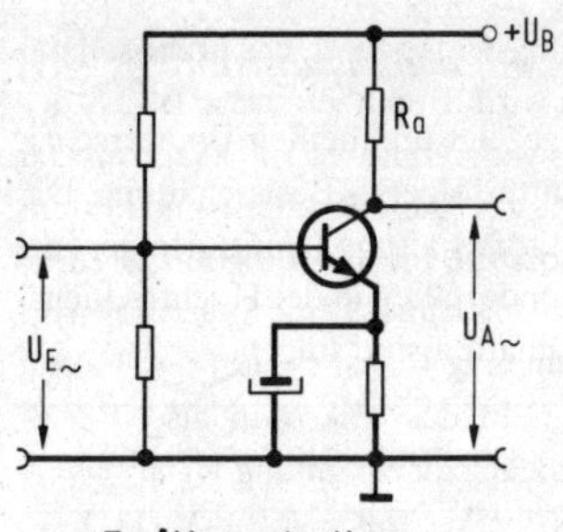

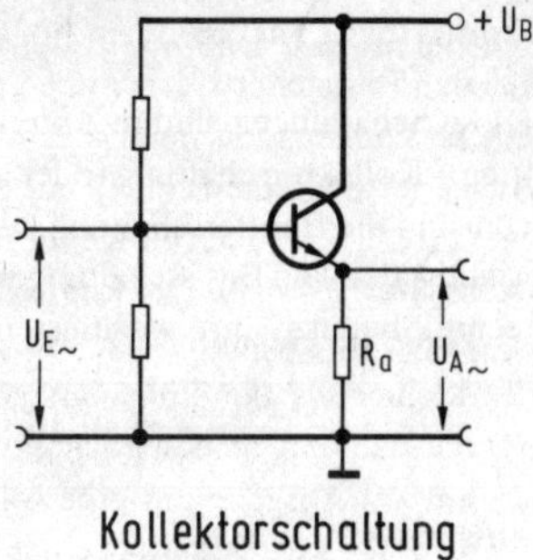

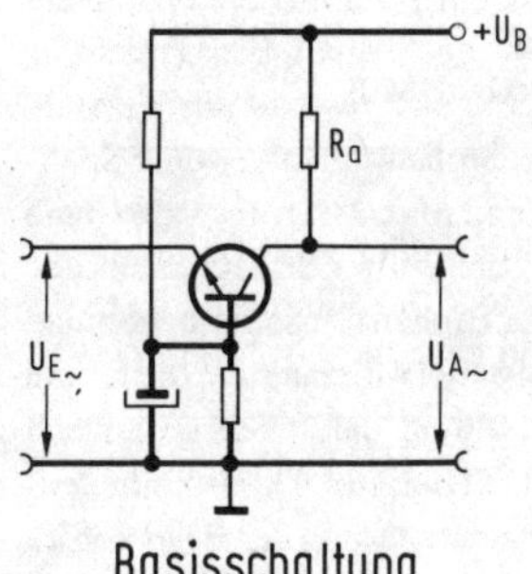

Abb. 2.4.6-1

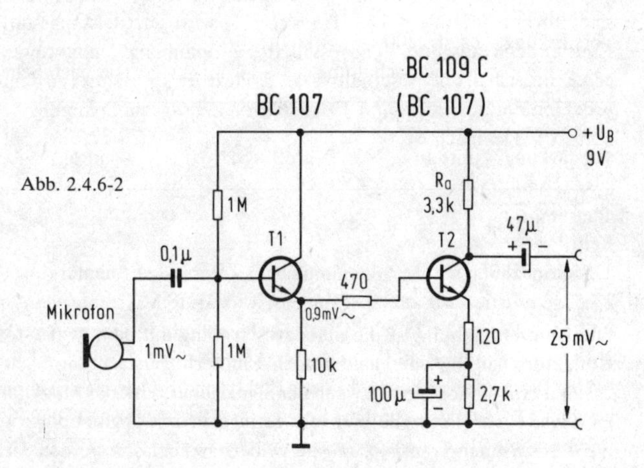

Abb. 2.4.6-2

Emitterfolger hat einen sehr hohen Eingangswiderstand, der praktisch nur aus den Basisteilerwiderständen gebildet wird. Benutzen wir z. B. 2 Stück 1-MΩ-Widerstände, dann ist der Eingangswiderstand ca. 500 kΩ groß. Der Ausgangswiderstand eines Emitterfolgers ist sehr niederohmig und bestens geeignet, um eine nachfolgende Transistorstufe mit Leistung anzusteuern (siehe *Abb. 2.4.6-2)*. Der Emitterfolger hat allerdings keine Spannungsverstärkung. Im Gegenteil, die Ausgangsspannung U_A ist ca. um den Faktor 0,9 kleiner als die Eingangsspannung. Gibt das Mikrofon also 1-mV-Sprechspannung an den hochohmigen Eingang als Spannung U_E ab, so erscheint am Ausgang nur eine solche von 1 mV · 0,9 = 0,9 mV (U_A).

Die praktische Schaltung eines Emitterfolgers in der Anwendung als Mikrofonvorverstärker oder Vorverstärker für einen Telefonadapter zeigt die Abb. 2.4.6-2. Diese Schaltung können wir uns nachbauen. Der Transistor T_1 arbeitet als Emitterfolger und T_2 als nachfolgend geschalteter Verstärker. Wie wir später nachlesen werden, weist ein Emitterfolger eine Spannungsverstärkung von ca. 0,9fach auf. Wenn das Mikrofon also eine Sprechspannung von 1 mV erzeugt, so wird diese über den Kondensator von 0,1 µF auf die Basis von T_1 gekoppelt. Der Eingang ist sehr hochohmig. Das Mikrofon sieht auf die beiden 1 MΩ-Basisteilerwiderstände, die für die Eingangsspannung gesehen eine Parallelschaltung darstellen. Demnach wird das Mikrofon lediglich mit nur etwa 500 kΩ belastet. Das ist unbedeutend, so daß die volle Mikrofonspannung zur Ansteuerung der Basis von T_1 gelangt. Am Emitter wird die Sprechspannung um den Faktor 0,9 kleiner sein, also ca. 0,9 mV~. Der Transistor T_2 wird jetzt leistungsstark vom Emitter des Transistors T_1 angesteuert. Die Spannungsverstärkung von T_2 errechnet sich aus dem Verhältnis des Kollektorwiderstandes zu dem überbrückten Emitterwiderstand. Der Elektroniker sagt zur Spannungsverstärkung V_U. Demnach ist

$$V_U = \frac{3300\ \Omega}{120\ \Omega} = 27{,}5.$$

Multiplizieren wir die Spannung von 0,9 V mit dem Verstärkungsfaktor 27,5, so erhalten wir am Ausgang eine verstärkte Mikrofonspannung von 0,9 mV · 27,5 = 24,75 mV. Diese Rechnung gibt in grober Annäherung eine Übersicht über die Spannungsverhältnisse.

Der Emitterfolger wird von dem Elektroniker auch oft als Impedanzwandler (Widerstandswandler) bezeichnet. Das insofern, als daß er unter Inkaufnahme einer Signalspannungsabschwächung von ca. 0,9fach einen hochohmigen Eingangswiderstand in einen niederohmigen Ausgangswiderstand „umwandelt“.

2.4.7 Der Emitterwiderstand und sein Kondensator

Sehr häufig werden wir Verstärkerschaltungen mit Transistoren vorfinden, welche nach der Abb. 2.4.7-1d aufgebaut sind. Es ist schon beinahe die Standardschaltung eines Transistorverstärkers. Für uns gibt es jetzt zwei Möglichkeiten. Über die erste und sicher bequemste wollen wir nicht sprechen. Wollen wir jedoch die Schaltungstechnik des Emitterwiderstandes verstehen, so müssen wir uns durch die nachfolgende Beschreibung hindurchbeißen. Also? Gut, lesen wir.

In der *Abb. 2.4.7-1a*...d ist der schrittweise Aufbau der Schaltung gezeigt. Die Abb. 2.4.7-1a zeigt die bekannte Transistorschaltung ohne Emitterwiderstand. In der Abb. 2.4.7-1*b* finden wir zum ersten Mal den Emitterwiderstand R_E. In der Abb. 2.4.7-1*c* ist dieser unterteilt in R_{E1} und R_{E2}, der Widerstand R_{E2} erhält zusätzlich parallel einen Elko (Elektrolytkondensator) geschaltet. Schließlich ist in der Abb. 2.4.7-1*d* eine Schaltung aus der Praxis zu finden, z. B. als Mikrofonverstärker.

Zurück zur Abb. 2.4.7-1a. Wir wollen uns dort noch einmal die Spannungsaufteilung vergegenwärtigen, so, wie wir sie aus früheren Kapiteln bereits kennengelernt haben. Der Basisteiler R_1 und R_2 bestimmt die Spannung U_{BE}. Diese Spannung soll ca. 0,6 V groß sein. Die Spannung U_{R1} und U_{R2} ergeben als Summe die Betriebsspannung U_B, also $U_{R1} + U_{R2} = U_B$. Das gleiche gilt für die Spannungen U_{RA} und U_{CE}, also $U_{Ra} + U_{CE} = U_B$. Übrigens ist in dieser Schaltung zufällig $U_{R2} = U_{BE}$. Dieses alles war uns bekannt – nun kommt's.

In der Abb. 2.4.7-1b ist zum ersten Mal ein Emitterwiderstand R_E eingeschaltet. Durch ihn fließt die Summe von Kollektor- und Basisstrom. Wird R_E ebenso groß gemacht wie R_a, so ist auch die Spannung U_{RE} fast genau so groß wie U_{Ra}. „Fast“ genauso insofern, als daß die Spannung U_{RE} geringfügig größer ist – kaum meßbar –, da der sehr kleine Basisstrom den Spannungsabfall mit beeinflußt. Also merken wir uns:

In der Abb. 2.4.7-1b wird der Arbeitspunkt des Transistors, also z. B. der wichtige Kollektorstrom, aus den Transistordaten (siehe dazu die vorherigen Kapitel) bestimmt. Der Kollektorstrom entspricht praktisch dem Emitterstrom. Damit wird die Spannung U_{RE} leicht auszurechnen sein. Sie ist $U_{RE} = I_E \cdot R_E$ groß.

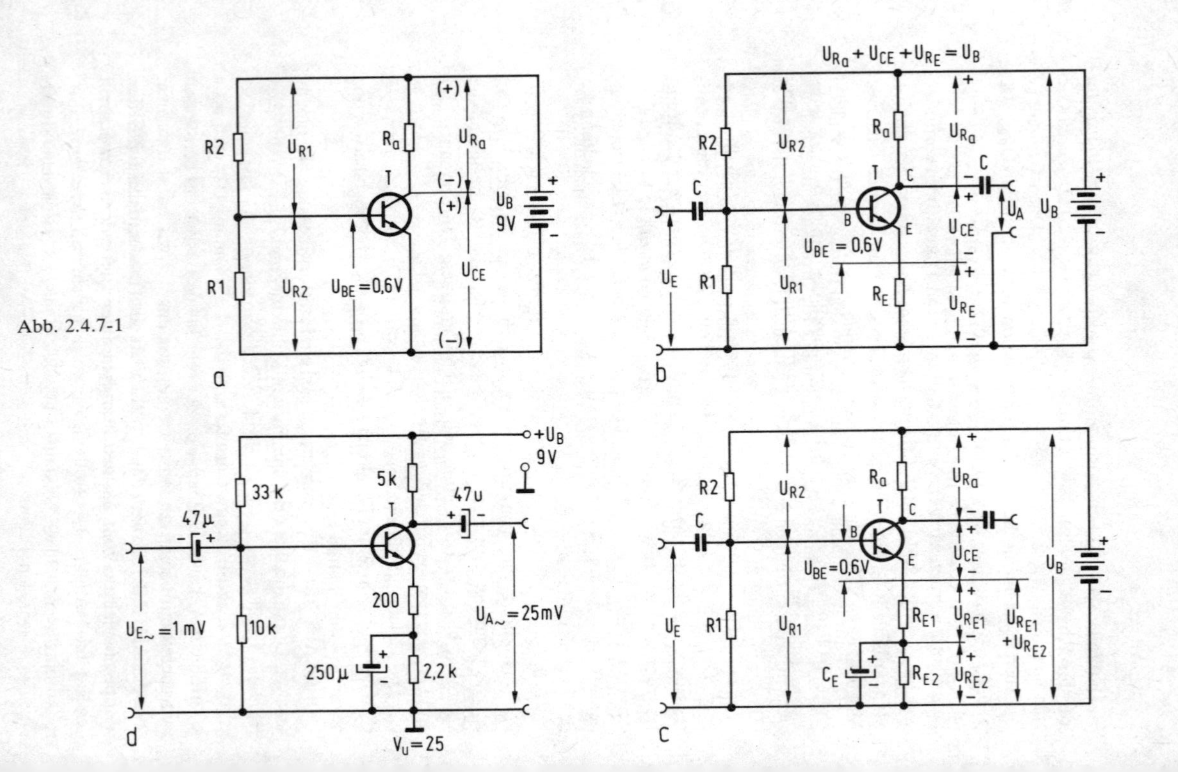

a
R2
R1
T
Ra
UR1
UR2
UBE = 0,6V
URa
UCE
(+)
(−)
(+)
(−)
UB
9V
b
URa + UCE + URE = UB
C
UE
UR2
UR1
B
C
E
RE
URE
UA
c
CE
RE1
RE2
URE1
URE2
URE1 + URE2
d
+UB
9V
33 k
10 k
5 k
200
2,2 k
47µ
47u
250µ
UE~ = 1 mV
UA~ = 25mV
Vu = 25

Abb. 2.4.7-1

Beispiel: Ist der Kollektorstrom 5 mA groß, so nehmen wir den Emitterstrom auch mit 5 mA an. Ist der Emitterwiderstand R_E 220 Ω, so ergibt sich die Spannung U_{RE} zu $U_{RE} = 5\ mA \cdot 220\ \Omega = 1{,}1\ V$. Das ist einfach!

Auch leicht einzusehen ist, daß die Addition der Spannungen $U_{RE} + U_{CE} + U_{Ra} = U_B$ ist. Das können wir direkt aus der Abb. 2.4.7-1b entnehmen. Ist U_B z. B. 9 V, so kann folgende Aufteilung möglich sein:

$$U_B = U_{RE} + U_{CE} + U_{Ra} = 1{,}1\ V + 5\ V + 2{,}9\ V = 9\ V.$$

Die Emitterspannung „folgt" immer – um den Betrag von 0,6 V niedriger – der Basisspannung. Deshalb nennt der Elektroniker eine Schaltung, welche am Emitter den Signalausgang hat, auch Emitterfolger. Ist also die Basisspannung 2,3 V groß, so messen wir am Emitterwiderstand die Spannung U_{RE} mit 1,7 V; aus 2,3 V – 0,6 V! Der Basispannungsteiler R_1 und R_2 wird nun wie folgt dimensioniert:

- Zuerst wird der Widerstand R_E bestimmt. Bei einem Kleinsignaltransistor liegt er aus praktischen Erwägungen zwischen 100...750 Ω oder die Spannung U_{RE} zwischen ca. 0,7 V...2 V.
- Dann wird aus der Kennlinie des Transistors (siehe dazu auch die vorherigen Kapitel) der Kollektorstrom gewählt.
- Daraus erhalten wir die Emitterspannung aus $U_{RE} = I_E \cdot R_E$.
- Auch hier soll die Spannung U_{CE} den Wert 1 V nicht unterschreiten, also liegt jetzt der Wert U_{Ra} fest aus $U_B - (U_{RE} + U_{CE}) = U_{Ra}$.
- Der Widerstand R_a wird jetzt so dimensioniert, daß bei vorgegebenem Kollektorstrom an ihm die Hälfte U_{Ra} abfällt.

Beispiel:

$R_E = 470\ \Omega$; $I_C = J_E = 1{,}5\ mA$; U_{CE} Rest = 1 V; $U_B = 9\ V$.

1. $U_{RE} = I_E \cdot R_E = 1{,}5\ mA \cdot 470\ \Omega = 0{,}7\ V.$
2. $U_{Ra} = U_B - (U_{RE} + U_{CE}) = 9\ V - (1\ V + 0{,}7\ V) = 7{,}3\ V.$
3. $R_a = \frac{7{,}3}{2} V \cdot 1{,}5\ mA = \frac{3{,}65\ V}{1{,}5\ mA} = 2{,}4\ k\Omega$ (2,5 kΩ gewählt).

Aus dem Wert von $U_{RE} + U_{BE} = 0{,}7\ V + 0{,}6\ V = 1{,}3\ V = U_{R1}$ können wir leicht den Basisspannungsteiler bestimmen. Wir wissen, daß an dem Widerstand R_1 die Spannung $U_{R1} = 1{,}3\ V$ abfallen muß und daß sein Strom den etwa 10fachen Wert des Basistromes besitzen muß (wir lesen in Kapitel 2.4.1-1 nach).

Für die meisten unserer Versuche genügt es bei einem Kleinsignaltransistor, wenn wir den Teilerstrom mit z. B. 750 µA annehmen. Dann ist

$$R_1 = \frac{U_{R1}}{750\ \mu A} = \frac{1{,}3\ V}{750\ \mu A} = 1{,}73\ k\Omega\ (1{,}8\ k\Omega) \text{ groß und}$$

$$R_2 = \frac{U_B - U_{R1}}{750\ \mu A} = \frac{9\ V - 1{,}3\ V}{750\ \mu A} = 10{,}26\ kB\ (10\ k\Omega) \text{ groß.}$$

Die entscheidende Frage: Wozu dient denn nun der Emitterwiderstand? Er erfüllt zwei stabilisierende Aufgaben in der Abb. 2.4.7-1b.

- Einmal verringert er sehr stark die im Transistorverstärker immer entstehenden Tonverzerrungen, so daß wir sie nicht mehr hören, sondern nur noch mit aufwendigen Methoden messen können.
- Zum anderen stabilisert er den Arbeitspunkt des Transistors bei Erwärmung.

Das funktioniert nun folgendermaßen: Wir entnehmen aus unserem Beispiel, daß die Widerstände R_1 und R_2 eine feste Basisvorspannung von 1,3 V bilden. Am Emitter entsteht eine Spannung von 0,7 V bei einem Emitterstrom von 1,5 mA an einem Widerstand R_E von 470 Ω. Jetzt erwärmen wir den Transistor und wissen, daß dann sein Kollektorstrom steigt. Das tut er auch, es steigt jedoch auch sein Emitterstrom und damit die Spannung U_{RE}, die ehemals 0,7 V groß war, auf vielleicht 0,71 V. Damit ist die Differenz zwischen U_{R1} und U_{RE} nur noch 1,3 V – 0,71 V = 0,59 V = U_{BE}! Eine kleinere Basisspannung erzeugt einen kleineren Basisstrom und damit einen kleineren Kollektorstrom. Also wird der durch Erwärmen stärker gewordene Kollektorstrom automatisch von seinem hohen Wert „heruntergeholt" durch kleiner werdende Spannung U_{BE} ...nachdenken und noch zweimal lesen!

Nun hatten wir weiter vorn davon gesprochen, daß die Spannung U_{RE} der Basissteuerspannung an den Eingangsklemmen der Schaltung Abb. 2.4.7-1b „folgt". Damit, daß der Emitter des Transistors keinen elektrisch festen Bezug mehr hat – also der Basisspannung in positiven und negativen Änderungen folgt – wird für den Transistor die Steuerung ($U_{BE}\sim$) automatisch geringer. Damit sinkt die Verstärkung. Ist $R_E = R_a$ gewählt, so ist die Spannungsverstärkung = 1. An Punkt C und E des Transistors ist eine gleich große Spannung vorhanden, die in der Amplitude nicht größer ist als die der Eingangsspannung. Dem können wir abhelfen, indem wir nach Abb. 2.4.7-1c einen Kondensator parallel zu R_E schalten oder R_E aufteilen und den Kondensator z. B. parallel zu R_{E2} schalten. Die Widerstände R_{E1} und R_{E2} bleiben für den Stabilisierungseffekt bei Temperaturänderungen voll erhalten – der Elektroniker spricht von einer Gleichstromgegenkopplung. Lediglich für die Wechselspannung ist jetzt ein kleiner Widerstand R_{E1} vorhanden – der Elektroniker spricht von der Wechselspannungsgegenkopplung. Dadurch wird die Steuerwirkung des Transistors wieder erhöht, er verstärkt wieder mehr. Ein guter Anhaltspunkt ist, wenn $R_{E1} = 0{,}02 \times R_a$ gemacht wird. Haben wir also R_a zu 10 kΩ ermittelt, so machen wir $R_{E1} = 200\ \Omega$ groß. Damit wird $R_{E2} = 270\ \Omega$, um den vorher im Beispiel gefundenen Wert von 470 Ω zu erhalten.

Die praktische Schaltung zeigt Abb. 2.4.7-1. Übrigens läßt sich mit hinreichender Genauigkeit die Spannungsverstärkung einer solchen Stufe, also das Verhältnis der Ausgangs- zur Eingangsspannung, berechnen zu

$$V_U = \frac{U_{A\sim}}{U_{E\sim}}$$

V_U wird als Spannungsverstärkung bezeichnet. Zur Berechnung von V_U benutzen wir den Arbeitswiderstand R_a und den unüberbrückten Emitterwiderstand R_{E1} und rechnen in unserem Beispiel nach Abb. 2.4.7-1d

$$V_U = \frac{R_a}{R_{E1}} = \frac{5\ \text{k}\Omega}{200\ \Omega} = 25.$$

Das bedeutet, eine Mikrofonspannung $U_{E\sim}$ von 1 mV am Einang wird 25fach verstärkt und erscheint am Ausgang mit 25 mV ($U_{A\sim}$).

3 Der Feldeffekttransistor als Verstärker geschaltet

Doch vorerst einmal die Schaltung, die uns sicherlich mit einem FET am geläufigsten ist. Das ist der Sourcefolger in *Abb. 3.1*, der den Vorteil eines sehr hohen Eingangswiderstandes mit dem einer sehr niedrigen Ausgangsimpedanz verbindet. Die Kurve in Abb. 3.1 zeigt, wie sich die Spannungsverstärkung in Abhängigkeit von dem Sourcewiderstand R verhält. Diese und die folgenden Betrachtungen gelten für ein Exemplar vom Typ BF 256, der für uns wohl am einfachsten zu beschaffen ist. Nun, im Sourcefolger ist der FET noch nicht als Verstärkerbauelement geschaltet. Das wollen wir jedoch jetzt einmal betrachten.

Zuerst jedoch wollen wir ihm noch unseren Schutz angedeihen lassen. Der Feldeffekttransistor hat es nämlich nicht gern, wenn die Gatespannung sich unzulässig weit von dem Source- oder Drainpotential entfernt. Die kleinen Abstände zwischen Gate und den übrigen Elektroden bilden im Transistor eine sehr hochohmige Sperrschicht, die bei zu hoher Feldstärke durchschlägt...dann ist der FET für immer auf AUS geschaltet, was wir verhindern wollen. Der Profi schützt nun den Eingang des FET

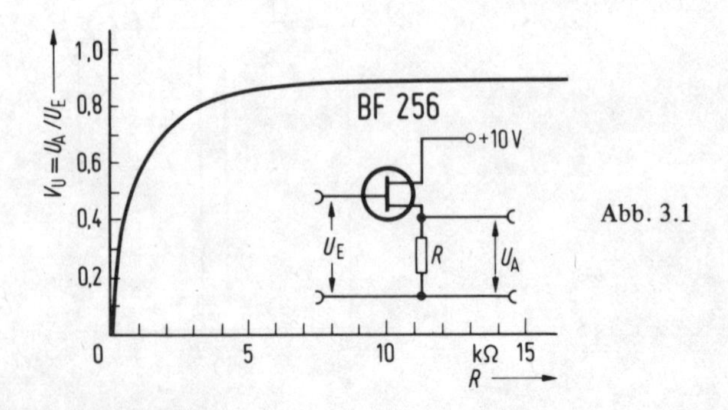

Abb. 3.1

durch eine Diodenschutzschaltung. Es sind das die in *Abb. 3.2a und c* gezeigten Dioden D1 und D2. Und das funktioniert nun so: bei einem FET beträgt die Sourcespannung gegenüber dem Gatepotential immer ca. 1,2...2 V bei richtig gewähltem Ar-

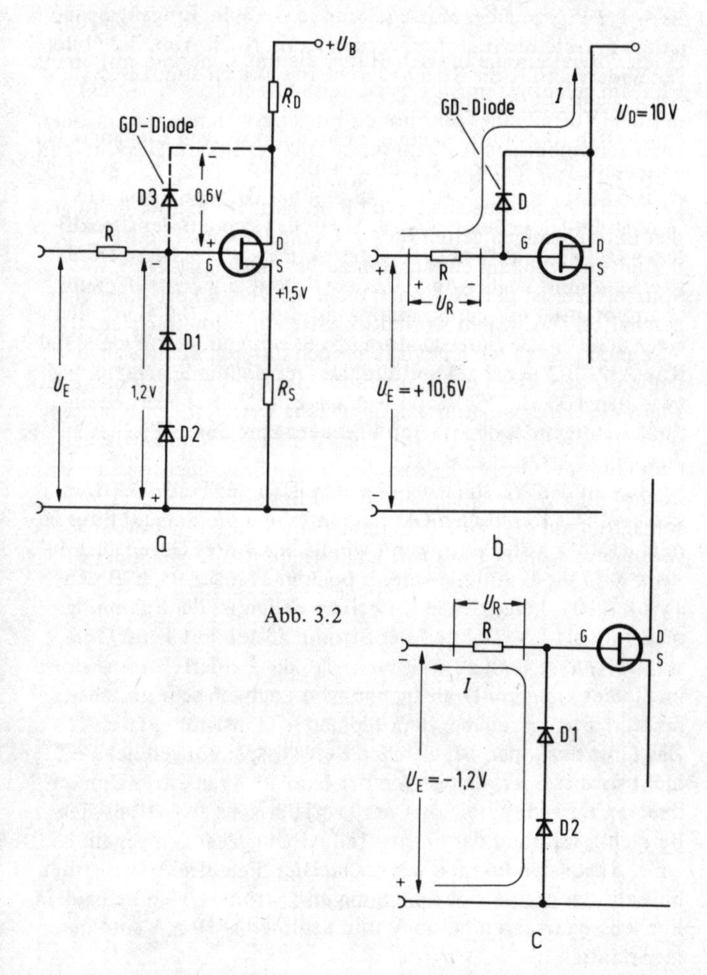

Abb. 3.2

beitspunkt für eine lineare Aussteuerung. Wird die Spannung U_E in Abb. 3. 2a nun sehr negativ gegenüber dem Sourcepotential, dann gibt's den bewußten Durchschlag. Die beiden Siliziumdioden D 1 und D 2 werden jedoch nun bei Spannungen größer als – 1,2 V gegenüber Masse leitend, so daß die Eingangsspannung am Gate nicht größer werden kann. Nach Abb. 3.2c bildet der Widerstand R die Strombegrenzung und ist somit Bestandteil der Schutzschaltung.

Ähnlich ist es nun bei einer zu hohen positiven Eingangsspannung, nur, daß hier keine Schutzdiode erforderlich ist, weil bei einer Gatespannung $>$+ 0,6 V gegenüber Drainpotential eine Gate-Drain-Diode leitend wird. Sie bildet sich aus dem spezifischen Halbleiteraufbau des Feldeffekttransistors. Diese Diodenstrecke nimmt nach *Abb. 3.2b* eine Potentialbegrenzung zum Drainpotential mit der Spannungsdifferenz von 0,6 V vor. Bei einer derartigen Schutzschaltung ist es sinnvoll, den Widerstand R in Abb. 3.2 je nach Amplitude der möglichen Störspannung zwischen 100 Ω...2,2 kΩ zu wählen. Ein höherer Wert beeinflußt naturgemäß den oberen Frequenzgang durch Tiefpaßbildung mit der Gatekapazität.

Nun zu den Verstärkungseigenschaften der Feldeffekttransistoren. Das Kennlinien-Oszillogramm in *Abb. 3.3a* gibt uns bereits darüber Aufschluß, wenn wir als bekanntes Gegenstück in *Abb. 3.3b* die Kennlinie eines bipolaren Transistors, z. B den Typ BC 107, heranziehen. In beiden Fällen ist der Spannungsmaßstab mit 1 V/Teil und der Strommaßstab mit 1 mA/Teil gewählt. Nun ist auch zu erkennen, daß der Feldeffekttransistor im Gebiet kleinerer Drainspannungen doch ein sehr unlineares Verhalten gegenüber dem bipolaren Transistor aufweist. Das führt dazu, daß bei gleichen Betriebsspannungen der FET nicht so aussteuerfähig ist wie der bipolare Transistor. Den unlinearen Bereich bezeichnet der Profi übrigens als „Ohmschen Bereich“, während der lineare Teil Abschnürbereich genannt wird. Ansonsten können wir die meisten Feldeffekttransistoren hinsichtlich der Betriebsspannung und Ströme gleich behandeln. Betriebsspannungen bis 25 V und Ströme bis 10 mA sind immer richtig.

Abb. 3.3a

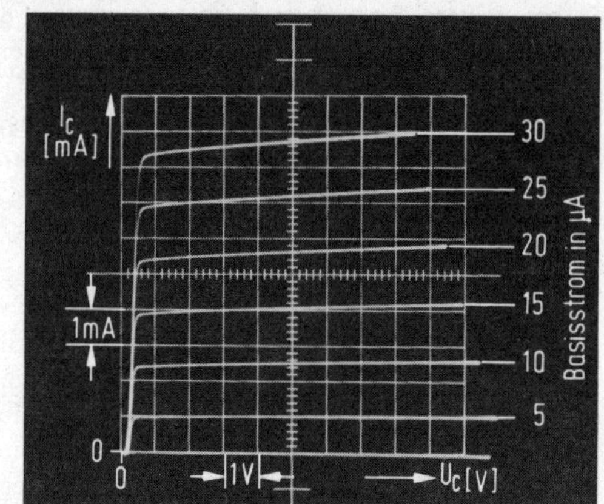

Abb. 3.3b

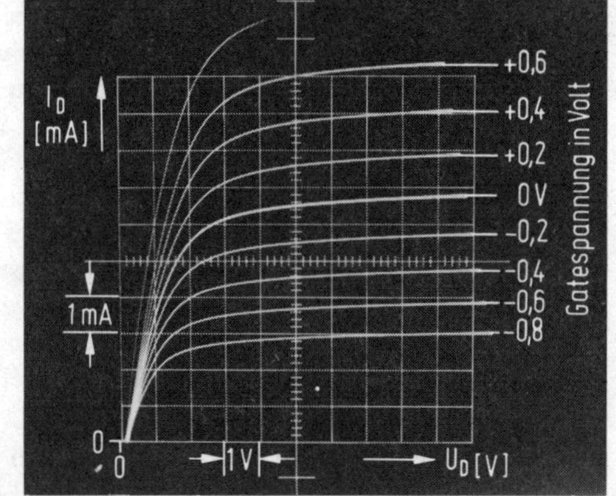

Abb. 3.4 zeigt den FET als Verstärker geschaltet. Diese Schaltung weist in der Praxis eine kritische Einstellung der elektrischen und thermischen Arbeitspunktstabilität durch richtige Wahl von R_D und U_B auf. Sie ist temperaturempfindlich, da sie ohne Gleichstromgegenkopplung arbeitet. Deshalb benutzt

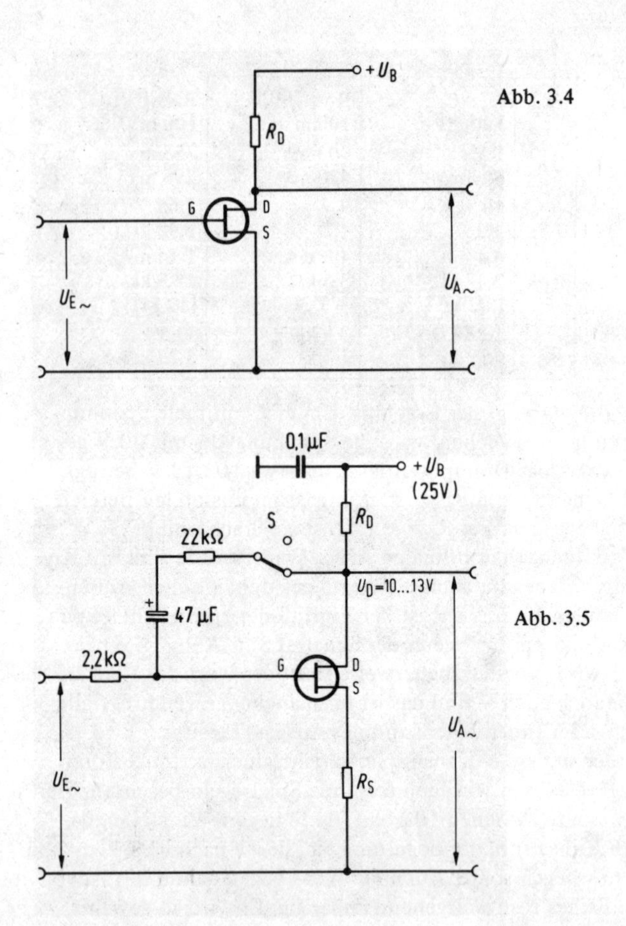

Abb. 3.4

Abb. 3.5

der Profi lieber die Schaltung in *Abb. 3.5.* Dort ist eine Gleichstromgegenkopplung durch den Widerstand R_S gegeben. Unter Verzicht auf einen hochohmigen Eingangswiderstand der Schaltung ist lediglich zur Betrachtung noch eine Wechselspannungsgegenkopplung abschaltbar eingefügt.

Tabelle zu Abb. 3.5

		$R_S = 0$	$R_S = 100\ \Omega$	$R_S = 1\ k\Omega$
	$U_{E\approx}$	100 mV	100 mV	100 mV
S : Aus	$U_{A\sim}$	1 V	903 mV	765 mV
S : Ein		450 mV	420 mV	298 mV
S : Aus	V_U	10	9	7,65
S : Ein		4,5	4,2	2,98
	I_D	6,4 mA	4,3 mA	1,14 mA
	R_D	2,38 kΩ (2,2 kΩ)	3,5 kΩ	12,9 kΩ (12 kΩ)
S : Aus	R_o	1,88 kΩ	2,9 kΩ	11,1 kΩ
S : Ein		890 Ω	1,4 kΩ	5,22 kΩ

Die *Tabelle* zeigt das Ergebnis. Um eine optimale Spannungsverstärkung zu erreichen, wird die Spannung U_B mit 20 V gewählt, wobei das Drainpotential dann etwa 10...13 V beträgt. Die Höhe der Spannungsverstärkung ist im unstabilen Bereich ($R_s = 0$) zehnfach. Bei $R_s = 100\ \Omega$ ist sie 9fach und bei $R_s = 1\ k\Omega$ 7,65fach. Die optimalen Arbeitswiderstände sind mit R_D ebenfalls angegeben, auch die Werte des dynamischen Außenwiderstandes. Interessant ist der Einfluß der zusätzlichen Spannungsgegenkopplung, wenn der Schalter S in Abb. 3.5 eingeschaltet wird. Verständlicherweise sinkt der Wert der Verstärkung, jedoch auch – und das ist für manche Anwendungsfälle wichtig – der Innenwiderstand des Ausgangskreises.

Werden andere N-Kanal-Sperrschichtfeldeffekttransistoren benutzt, so sollten wir doch folgende Spielregeln beachten: Der Wert R_s sollte zwischen 100 Ω...10 kΩ liegen. Wir stellen damit den Ruhestrom der Schaltung ein, der je nach FET zwischen 2...10 mA liegen sollte. Auch der Arbeitswiderstand R_D ist von diesem Ruhestrom weitgehend abhängig. Er wird so gewählt, daß die Draingleichspannung den Wert von 7 V möglichst nicht unterschreitet. Die vorliegenden Schaltungen arbeiten bis zu einer oberen Frequenz von 250 kHz noch im Bereich von ± 0,5 dB. Die Betriebsspannung muß nicht 25 V hoch sein. Eine geringere Spannung beeinflußt lediglich den linearen Aussteuerbereich.

Soll ein breites Frequenzgebiet mit einem Feldeffekttran-

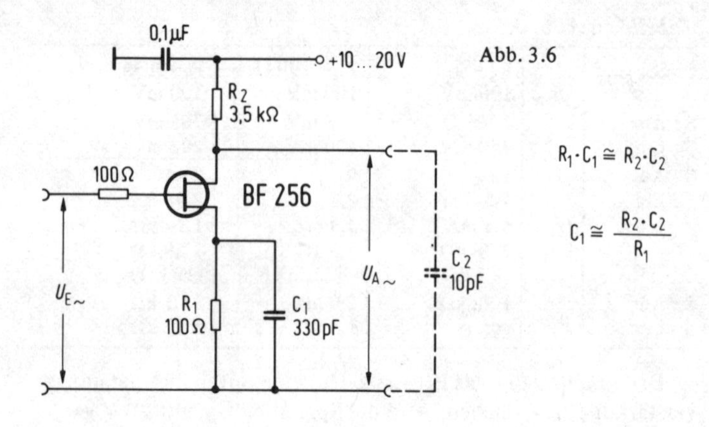

sistor verstärkt werden, so muß die Schaltung dafür speziell ausgelegt werden. Der Profi sagt dazu: Breitbandverstärker. Das zeigt uns *Abb. 3.6* , wobei auch hier wesentliche Daten aus der Tabelle zu Abb. 3.5 zu entnehmen sind. Neu ist hier jedoch der Kondensator C_1, der die Stromgegenkopplung im Bereich höherer Frequenzen durch seinen kapazitiven Widerstand aufhebt. Er ist hier mit 330 pF gewählt und allein abhängig von der Ausgangskapazität C_2 der Leitungen und des Verbrauchers sowie dem Außenwiderstand. Ist diese Belastungskapazität bekannt, so läßt er sich einfach ermitteln aus

$$C1 \approx \frac{R2 \cdot C2}{R1}$$

Die Schaltung in Abb. 3.6 weist eine gute Verstärkung hoher Frequenzen auf. So beträgt beispielsweise der Spannungsabfall bei 3,5 MHz erst 1 dB. Es ist in der Praxis sinnvoll, in allen diesen Schaltungen den Widerstand R_1 und damit den Arbeitspunkt einstellbar zu machen, um so bei dem vorliegenden FET die optimalen Verstärkungseigenschaften ausnutzen zu können. Hier ist allerdings die Kontrolle der Ausgangsspannung mit einem Oszillografen erforderlich, um den richtigen Arbeitspunkt für ein unverzerrtes Sinussignal zu finden. Oft ist es erforderlich, eine Leistungsendstufe mit sehr hochohmigem Eingang

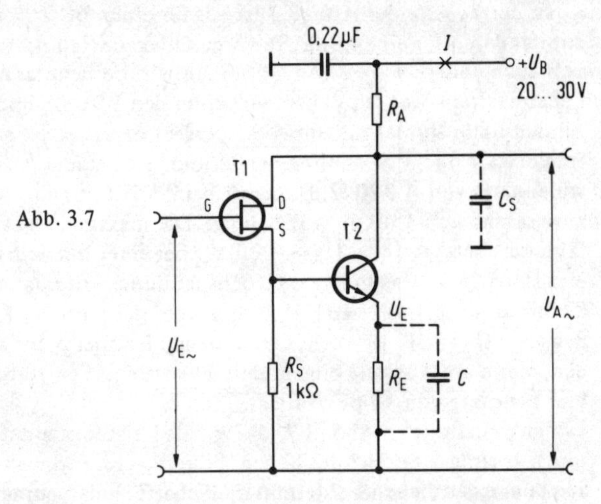

Abb. 3.7

	R_A	R_E	U_E	C	I
T1 BF 256 T2 BC 107	2 kΩ	100 Ω	0,6 V	330 pF	ca. 7 mA
T1 BF 256 T2 BSY 86	390 Ω	22 Ω	0,7 V	1 nF	ca. 35 mA

V_U ~ 15-fach f_0 ~ 2 MHz - 1 dB bei $C_S \approx$ 10 pF

zu erhalten. Also kurz: einen Leistungsfeldeffekttransistorfolger. Das ist möglich, wenn nach *Abb. 3.7* ein bipolarer Transistor hinzugeschaltet wird.

Tabelle zu Abb. 3.7

	R_A	R_E	U_E	C	I
T 1 BF 256 T 2 BC 107	2 kΩ	100 Ω	0,6 V	330 pF	ca.7 mA
T 1 BF 256 T 2 BSY 86	390 Ω	22 Ω	0,7 V	1 nF	ca.35 mA

V_U ~ 15-fach f_0 ~ 2 MHz – 1 dB bei $C_s \approx$ 10 pF

In der *Tabelle* der Abb. 3.7 ist das für einen BC 107 und zum anderen für einen BSY 86 vorgeschlagen. Natürlich lassen sich auch andere Typen von NPN-Transistoren benutzen. Ein Leistungstransistor, zu denen wir schon den BSY 86 im vorliegenden Falle einmal zählen wollen, ergibt in dieser Schaltung eine etwa 15fache Spannungsverstärkung, bei einem Ausgangswiderstand von $< 390\ \Omega$. Dabei ist bei 2 MHz erst ein Verstärkungsabfall von 1 dB zu verzeichnen. Die maximale Aussteuerfähigkeit beträgt dabei $U_{A\sim} = 20\ V_{ss}$ bei einer Betriebsspannung von 25 V. Das mittlere Gleichspannungspotential am Kollektor und Drain ist 13 V groß. Auch hier muß der Kondensator C gemäß der vorher gefundenen Formel geändert werden, wenn am Ausgang eine andere Belastungskapazität als die hier benutzte von 10 pF vorliegt.

Die Schaltung in Abb. 3.7, die wir als Leistungsfeldeffekttransistorfolger bezeichnet haben, besteht – wie wir sehen – aus dem eigentlichen Feldeffekttransistor T 1 als Sourcefolger mit einem nachgeschalteten bipolaren Transistor T 2. Somit wird das Kennlinienfeld am Ausgang auch im wesentlichen von dem Transistor T 2 bestimmt. Das ist in *Abb. 3.8* gezeigt, wobei zu beachten ist, daß die Kurvenschar erst ab 0,6 V Betriebsspannung beginnt. Die Erklärung ist darin zu finden, daß diese Spannung als Potentialdifferenz zwischen Basis und Emit-

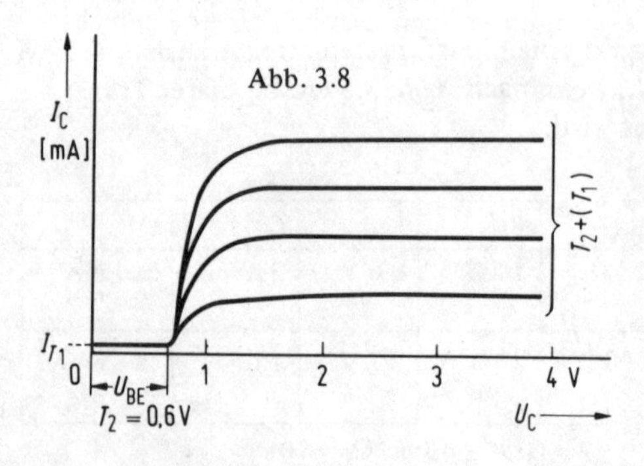

Abb. 3.9

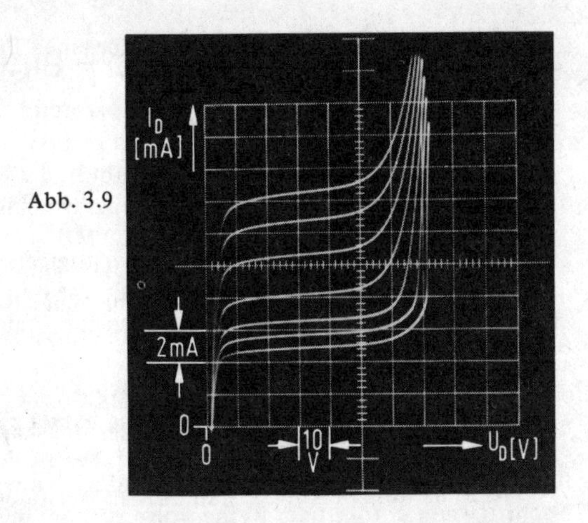

ter des Transistors T 2 erst aufgebaut werden muß, bevor dieser leitend wird.

Übrigens kann der Widerstand R_S entfallen, wodurch die Schaltung weiter vereinfacht wird. Das ist dann sinnvoll, wenn die Basissteuerströme von T 2 bereits in den unteren mA-Bereich (1 mA...10 mA) fallen.

Schließlich möchte sich der für diesen Bericht benutzte Feldeffekttransistor in *Abb. 3.9* endgültig von uns verabschieden, denn, wie wir sehen, beginnt er ab einer Drainspannung von mehr als 50 V sein Dasein und seinen Glauben an eine gerechte elektronische Behandlung mit einem großen zerstörenden Drainstrom aufzugeben.

4 Transistoren tauschen – einfach gemacht

Hier geht's um Austauschtypen und wichtige elektrische Parameter. Unser Ziel soll es sein, mit möglichst wenig Typen ein „Viel" in unserer Hobbypraxis zu erreichen – also Universaltypen!

Zunächst einmal gibt es Tabellenbücher über die sogenannten äquivalenten Typen (der Franzis-Verlag hat da zwei gute). Oftmals nützt uns das jedoch nichts, da die richtigen Austauschtypen auch nicht vorhanden sind. Deshalb gehen wir hier einmal schrittweise in folgender Reihenfolge vor, um uns langsam an ein paar wenige Universaltypen heranzuarbeiten.

Abb. 4.1

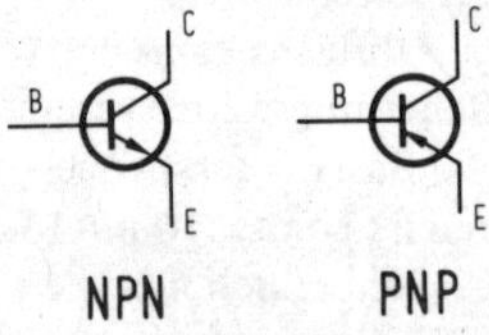

1. Schritt: PNP – NPN?

Klären Sie in der Schaltung zunächst, ob es sich um einen PNP- oder NPN-Transistor handelt. *Abb. 4.1* hilft da weiter.

2. Schritt: Germanium – Silizium?

Wir müssen feststellen, ob es ein Germanium- oder ein Siliziumtransistor ist. Germaniumtransistoren oder Dioden tragen oftmals als ersten Buchstaben das „A", Siliziumhalbleiter hingegen den Buchstaben „B". Sind die Buchstaben nicht erkennbar, so sehen wir in die Schaltung. Ist dort eine Spannungsdifferenz Basis-Emitter (oder Anode-Katode bei einem Gleichrichter) von ca. 0,2 V angegeben, so ist es ein „Germane". Bei einer angegebenen Spannung von ca. 0,6 V ist es ein „Silizianer". Sind auch

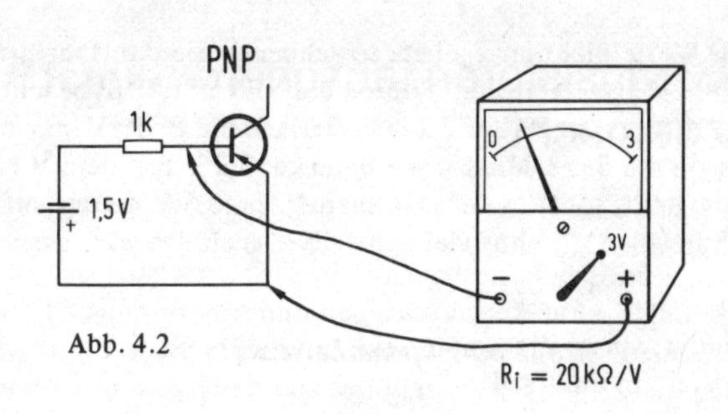

Abb. 4.2

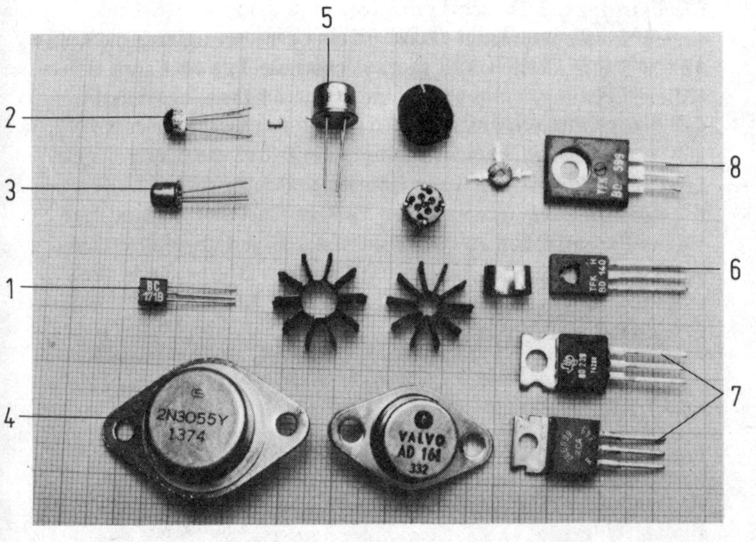

Abb. 4.3

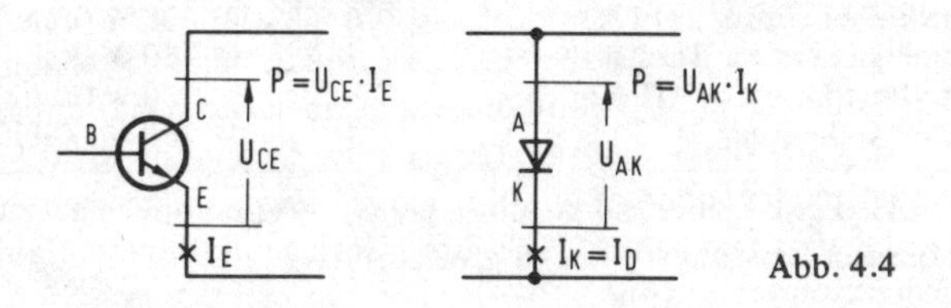

Abb. 4.4

die Werte nicht angegeben, so schließen Sie den Transistor nach *Abb. 4.2* an. Achtung! Polung bei NPN und PNP beachten. NPN: Plus der Batterie an die Basis. Beim PNP: Minus der Batterie an die Basis. Messen wir dann ca. 0,2 V mit dem Vielfachmeßgerät, so ist es der „Germane", ca. 0,6 V deutet auf den „Silizianer" ... ohne viel Schweiß – auch das wäre geschafft!

3. Schritt: Große oder kleine Leistung?

Die Leistung des Tausch-Transistors muß dem vom „Erfinder" eingesetzten entsprechen. Dazu ist ein Gehäusevergleich nach *Abb. 4.3* erforderlich. Der auszuwechselnde Typ darf gern eine höhere Leistung, sollte aber keine kleinere haben, es sei denn, daß Sie rechnerisch eine kleinere Leistung ermitteln. Nach *Abb. 4.4* wird an einem Transistor oder einer Diode die Gleichstrom-Leistung an den Anschlüssen Emitter-Kollektor resp. Anode-Katode ermittelt. Im dynamischen Fall der Ansteuerung sind hier Wechselstromgrößen zu berücksichtigen. Einen ungefähren Leistungsvergleich einzelner Gehäusetypen aus Abb. 4.3 gibt die folgende Tabelle. Die Angaben gelten ohne Kühlkörper für eine Gehäusetemperatur um 120° C.

Typ	Abb. 1.3 Nr.	max. zulässige Verlustleistung ca.
Feldeffekttransistoren (TO-92)	1	200 mW
Hf-Transistoren (Keramik)	2	200 mW
Hf-Transistoren (TO 18) TO 72	3	200 mW
Hf-Transistoren TO 39	5	800 mW
Kleinsignaluniversal TO 18	3	300 mW
Kleinsignaluniversal TO 39	5	1000 mW
Kleinsignaluniversal SOT 54	(1)	300 – 500 mW
mittlere Leistung TO 126	6	25 W (Kühlfläche)
größere Leistung TO 220	7	50 W (Kühlfläche)
mittlere Leistung SOT 82	(8)	30 W (Kühlfläche)
größere Leistung TO 3	4	50 W (Kühlfläche)

Also gilt es hier, zu gleichen Gehäusetypen oder nach nächst höheren Leistungstypen zu greifen.

4. Schritt: Nf- oder Hf-Transistor; Rauschen oder nicht Rauschen?

Wegen der unvermeidbaren Eingangs- und Rückwirkungskapazitäten lassen sich Nf- und Hf-Transistoren nicht untereinander austauschen. Jedoch ist in manchen Fällen der Einsatz eines Hf-Transistors im Nf-Gebiet möglich, wenn auf eine höhere Stromverstärkung verzichtet wird. Kleinsignal-Nf-Transistoren weisen Basiseingangskapazitäten bis zu 2 nF auf. Bei Hf-Transistoren liegt der Wert um mehr als eine Zehnerpotenz kleiner. Oftmals lassen sich jedoch Nf-Kleinsignaltransistoren in Oszillatorschaltungen bis über 10 MHz verwenden. Andererseits eignen sich diese Typen nicht als Hf-Empfangstransistoren. Die Frage des Rauschens tritt bei Nf-Vorstufen auf. Also: Verwenden Sie bevorzugt rauscharme Kleinsignaltypen am Eingang eines Nf-Verstärkers.

5. Schritt: Darlington-Endstufen melden sich nicht von allein

Leistungsendtransistoren offenbaren in ihrer Gehäuseform – oftmals auch in der Schaltung – nicht, daß es sich um Darlingtontypen handelt. Beim Austausch von Leistungsendtransistoren ist also außer der maximalen Verlustleistung auch noch die Frage Darlington oder nicht zu klären. Darüber gibt das Datenbuch Auskunft. Ein Darlington läßt sich nicht gegen einen einzelnen Leistungstransistor austauschen. Umgekehrt ist es aber in vielen Fällen möglich, einen Einzel-Leistungstyp gegen einen Darlington zu tauschen. Das Schaltbild eines Darlington wird nach *Abb. 4.5* unterschiedlich dargestellt.

6. Schritt: Stromverstärkung – groß oder klein?

Die Stromverstärkung von Transistoren ist maßgeblich an der Stufenverstärkung einer Schaltung beteiligt. Sie liegt in einem weiten Gebiet von 20...1000fach je nach Typ verteilt. Die folgende Tabelle gibt hier einigen Aufschluß:

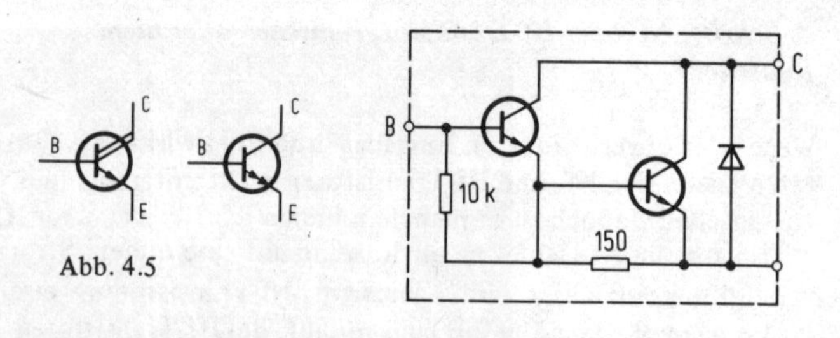

Abb. 4.5

Typ	Stromverstärkung B
Kleinsignal A	100 ... 220
Kleinsignal B	180 ... 460
Kleinsignal C	380 ... 800
Kleinleistung TO 39	≈ 100 ... 200
mittlere Leistung TO 126	≈ 50 ... 100
größere Leistung TO 220	≈ 25 ... 60
Darlington	≈ 800 ... 2000

Die Bezeichnung A-B-C ist auf bestimmten Kleinsignaltypen aufgedruckt, also z.B. BC 108 C oder BC 107 B. Fehlt der Buchstabe, so ist es im Normalfall der A-Typ.

7. Schritt: Wer nennt uns die maximale Kollektorspannung?

Die Schaltung gibt Auskunft, wie groß im Höchstfall die Kollektorspannung werden kann. Bei nicht „induktiven Schaltungen" entspricht sie häufig der maximal zur Verfügung stehenden Betriebsspannung. Im allgemeinen ist zu sagen, daß Kleinsignaltransistoren sich innerhalb des Bereiches bis zu 25 V gut untereinander austauschen lassen. Darüber kann's zu Schwierigkeiten führen, wenn wir in das Durchbruchgebiet – Oszillogramm *Abb. 4.6* – gelangen. Spezielle Transistoren, solche für Video- oder auch Zeilenendstufen, arbeiten mit Spannungen bis zu 500 V. Hier müssen beim Austausch die Transistordaten zu Rate gezo-

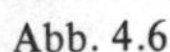
Abb. 4.6

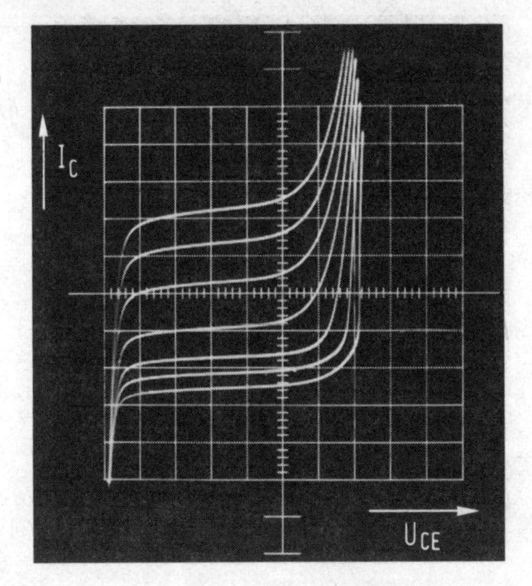

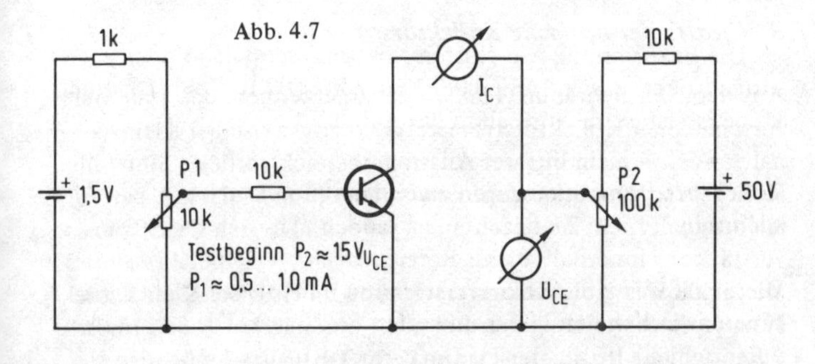

Abb. 4.7

gen werden. Das Durchbruchgebiet können Sie in der Schaltung nach *Abb. 4.7* selbst ermitteln. Langsam die Kollektorspannung U_C vergrößern, bis plötzlich der Kollektorstrom nach Abb. 4.5 stark ansteigt. Legen Sie dann U_{Cmax} in Ihrer Schaltung um ca. 20% unter diesem Wert fest.

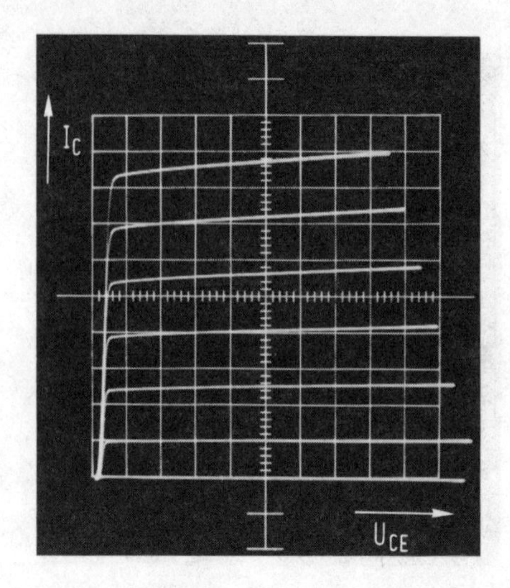

Abb. 4.8

8. Schritt: Der optimale Kollektorstrom

Aus dem Oszillogramm *Abb. 4.8* ist zu erkennen, daß innerhalb verschiedener Kollektorstromwerte vorzugsweise bei Kleinsignaltransistoren ein linearer Aussteuerbereich vorliegt. Sinnvolle Kollektorstromgrößen liegen zwischen 0,5 mA...10 mA bei Kleinsignaltypen. Zu beachten ist jedoch, daß sich die Stromverstärkung innerhalb dieses Bereiches sehr verschieben kann. Maximale Werte der Stromverstärkung B liegen bei Kleinsignaltypen zwischen den I_C-Stromwerten 5...10 mA. Die Kurve in *Abb. 4.9* gibt Ihnen einen ungefähren Überblick.

9. Schritt: Pinkompatibel oder nicht?

Die meisten Kleinsignaltransistoren haben sich mit ihren Herstellern auf eine einheitliche Anschlußbelegung ihrer drei Beinchen geeinigt. So z. B. die TO 18er oder auch die TO 39er nach

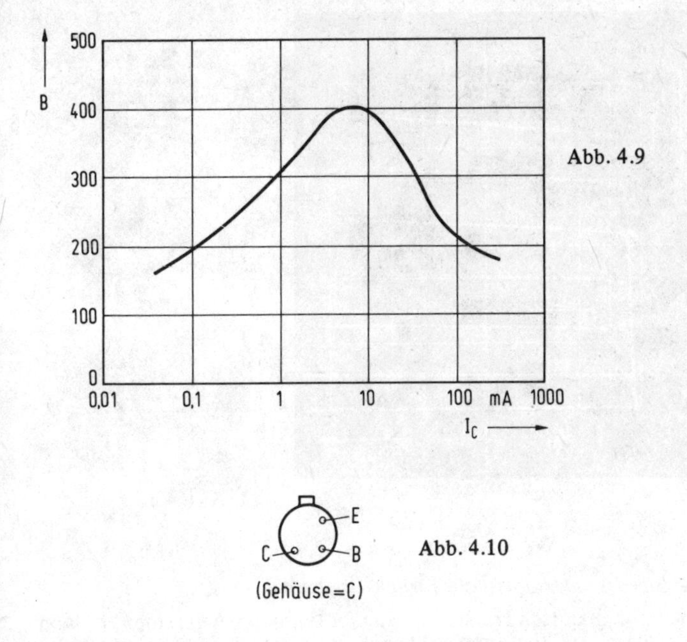

Abb. 4.9

Abb. 4.10

Abb. 4.10. Die, mit denen wir es zu tun haben, sind oftmals nicht „die meisten“, sondern die Ausnahmen. Gibt's da kein Anschlußbild, so können Sie einigermaßen sicher den Transistor mit dem Ohmmeter „auspolen“. Diese Prozedur habe ich z. B. in den Büchern „Elektronische Bauelemente – einfach geprüft im Hobbylabor“ (RPB 102) sowie „Elektronik – leichter als man denkt“ und „Der Weg zum Hobby-Elektroniker“ – alle im Franzis-Verlag erschienen – recht genau beschrieben, so daß ich es uns hier ersparen möchte.

Nun noch ein mahnender Finger! Der BF 256 ist z. B. nicht pinkompatibel mit BF 256?? Ja, das gibt's tatsächlich. Es gibt Halbleiter mit gleicher Typenbezeichnung, die jedoch eine unterschiedliche PIN-Belegung haben. Das sollte man nicht glauben, aber ich habe es selbst erlebt und kann deshalb nur zur Vorsicht mahnen, wenn Ihnen ein bekannter Transistortyp ei-

Abb. 4.11

nes unbekannten Herstellers angeboten wird. Auch hier ist dann ein Auspolen – so, wie oben beschrieben – erforderlich, wenn Ihnen das betreffende Anschlußbild nicht vorliegt.

10. Schritt: Kühlung oder nicht?

Wird ein Transistor so warm, *daß der Finger ihn nicht mehr leiden mag*, so sollten Sie ihm, einfach ausgedrückt, ein etwas Mehr an Kühlung geben. So z. B. mit den Kühlkörpern in *Abb. 4.11* Kleinsignaltransistoren in Vorverstärkern werden nicht! warm. Tun sie's doch, liegt ein Fehler vor. Transistoren in Treiberstufen, auf jeden Fall in Endstufen benötigen – gut genutzt – immer Kühlkörper. (Sehen Sie sich dazu einmal das „Werkbuch Elektronik" – Franzis-Verlag an). Es ist somit unumgänglich, vorhandene Kühlkörper des „alten" Transistors an den „neuen" wieder anzubringen.

11. Schritt: Der Tausch von Dioden

Das ist nicht so einfach, wie wir es vielleicht den Zweibeinern zunächst zutrauen. Vorerst aber, einfach wird's beim Netzgleichrichter. Hier sind für Sie lediglich zwei Dinge zu berücksichtigen: Die höchstzulässige Sperrspannung und der Dauerlaststrom. Das finden Sie in den Typenbezeichnungen. Z. B. „B 35 C 1000" heißt übersetzt: B (= Brückenschaltung aus vier Einzeldioden) ist für 35 V_{eff} Trafospannung und 1000 mA Dauerstrom ausgelegt. Wenn Sie tauschen: Ein „Mehr an Werten hat noch nie geschadet, jedoch benutzen Sie keinen kleineren Typ.

Schwierig wird's bei der Vielzahl verschiedener Germanium- und Siliziumdioden und ihren Anwendungsmöglichkeiten. Die *Abb. 4.12* zeigt zwei Kennlinien von zwei verschiedenen Germaniumdioden sowie die (rechts beginnende) Kennlinie einer Siliziumdiode. Gleich ein Zusatz: Siliziumschaltdioden liegen zwischen den drei in Abb. 4.12 gezeigten Kennlinien. Also, müssen wir hier recht genau unterscheiden, für welchen Anwendungszweck ist welche Diode zu wählen. In der Hobby-Praxis kom-

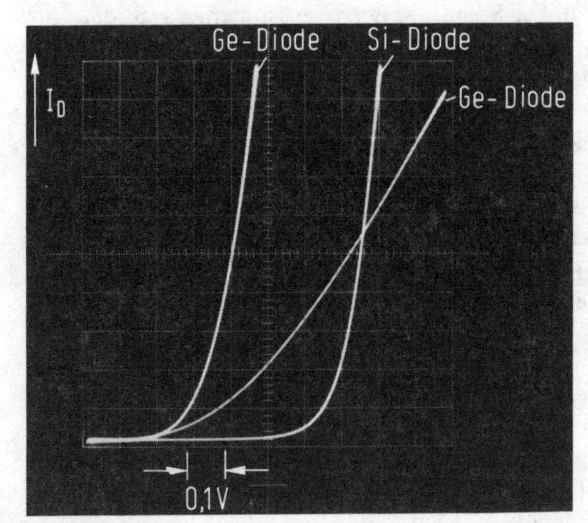

Abb. 4.12

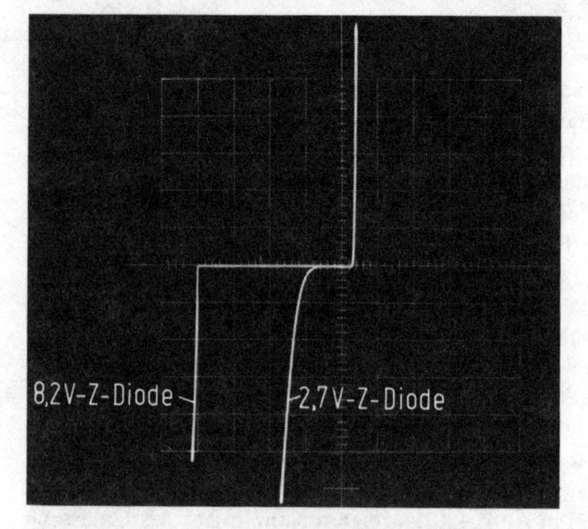

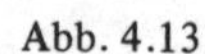

Abb. 4.13

men Sie oftmals mit zwei Typen aus. AA 143 oder 144 – eine Germaniumdiode und 1 N 4148 – eine Universalsiliziumdiode.

Bei Zenerdioden mit ihren Kennlinien nach *Abb. 4.13* ist der Zener-Spannungswert „tonangebend". Er muß beim Austausch wieder stimmen. Die Spannungswerte entsprechen z. B. der E 12-Reihe. In der Abb. 4.13 sind die Kennlinien zweier Zenerdioden gezeigt, die zunächst beide bei ca. + 0,6 V in Durchlaßrichtung einen kräftigen Strom fließen lassen. In Sperrichtung haben wir es einmal mit einer 2,7-V-Diode und einer 8,2-V-Diode zu tun (der horizontale Spannungsmaßstab beträgt in Abb. 4.13 $2 V/_{Teil}$). Das Bild ist insofern interessant, als daß Sie wissen sollten, daß ein ausgeprägter, starker Zenerknick erst bei Dioden mit $U_Z > 5$ V einsetzt. Dioden bis ca. 5 V haben nach Abb. 4.13 einen langsameren Anstieg des Zenerstromes.

12. Schritt: Feldeffekttransistoren – Vorsicht geboten

Die Vorsicht soll sich hier gar nicht einmal auf die Behandlung beziehen, sondern vielmehr auf das Einsatzgebiet der selbstlei-

Abb. 4.14

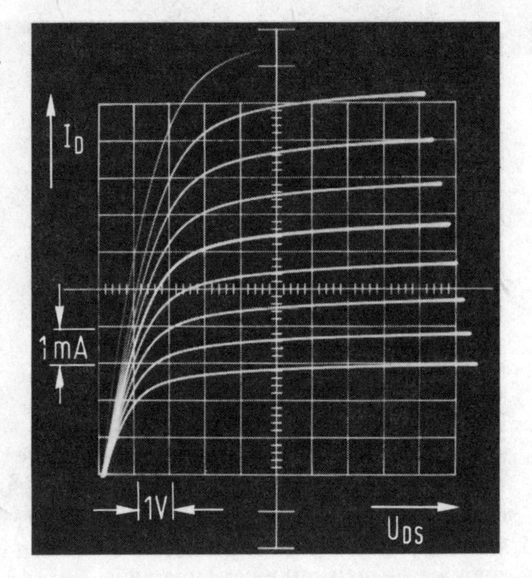

tenden, der selbstsperrenden oder der verschiedenen MOS-Typen. Nach *Abb. 4.14* sieht das Kennlinienfeld eines selbstleitenden N-Kanal-FET's recht harmlos aus. Dieses „harmlos" bleibt zunächst auch bestehen, wenn der FET mit einem ähnlichen Typ als Sourcefolger betrieben wird. Nutzen Sie einen FET für Verstärker- oder Schaltzwecke, so rate ich zum Austausch nur, wenn Sie nicht nur über die Erfahrung, sondern auch über entsprechende Meßmittel verfügen. Hapert's am Anfang noch an beiden, dann den gleichen Typ vom möglichst gleichen Hersteller benutzen. Auch eine einfache Prüfung eines FET steht beschrieben in: „Elektronische Bauelemente – einfach geprüft im Hobbylabor" RPB 102 (Franzis-Verlag).

13. Schritt: Prüfen Sie den Arbeitspunkt nach dem Austausch

So, wie's z. B. in dem RPB 110 „Der Hobby-Elektroniker prüft seine Schaltungen selbst" geschrieben steht. Machen wir es hier

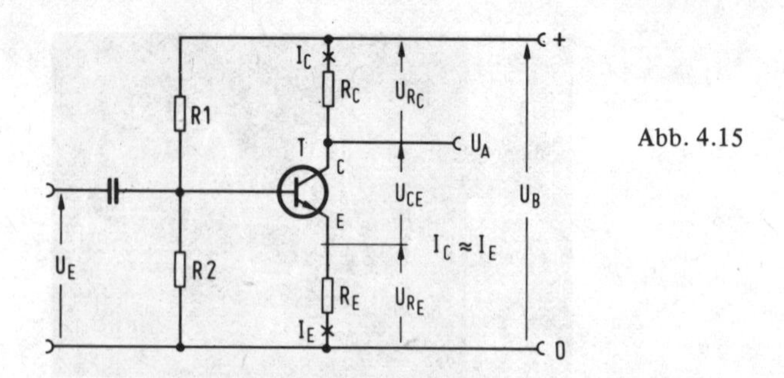

Abb. 4.15

einmal kurz. Nach *Abb. 4.15* ist die Summe von $U_{RC} + U_{CE} + U_{RE} = U_B$ in der Transistorgrundschaltung. Haben Sie jetzt einen Transistor getauscht, so kann es in Grenzfällen vorkommen, daß Ihnen der Arbeitspunkt „wegrutscht". Wird der Basiseingang mit einer Sinusspannung angesteuert und Sie haben die Werte R_C und R_E nicht geändert, so können sich am Kollektorausgang drei Möglichkeiten der Ausgangsspannungsform bei Vollaussteuerung einstellen (Über die vielen Möglichkeiten – Transistor falsch angeschlossen – wollen wir hier nicht sprechen).

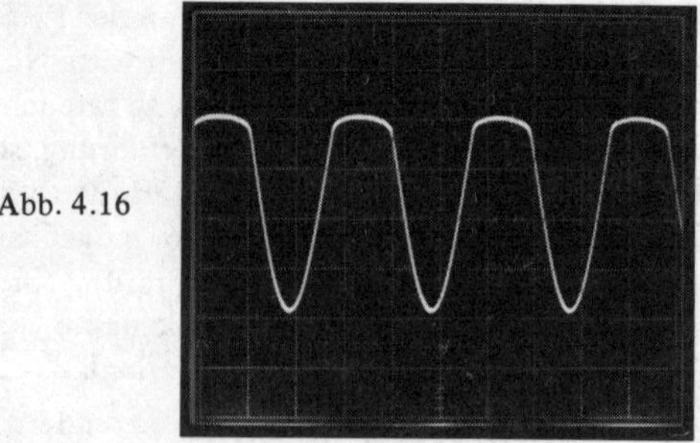

Abb. 4.16

Möglichkeit 1 (Abb. 4.16):

Der Kollektorstrom ist zu klein, damit ebenfalls U_{RC}. Andererseits steigt U_{CE}. Die Folge ist eine Verzerrung der positiven Sinushalbwelle. Abhilfe: R2 vergrößern oder R1 verkleinern.

Abb. 4.17

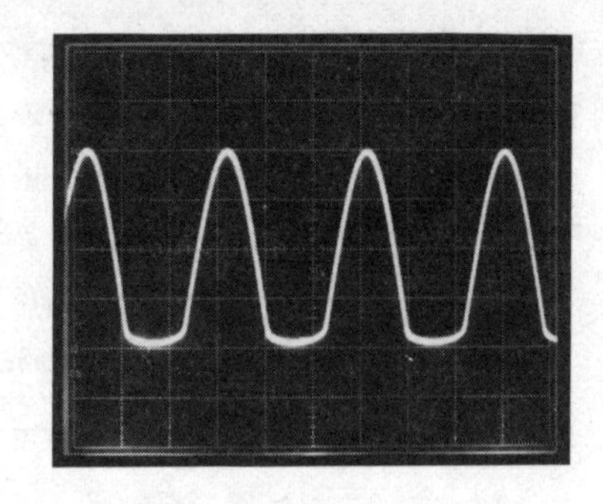

Möglichkeit 2 (Abb. 4.17):

Der Kollektorstrom ist zu groß, damit ebenfalls U_{RC}. Andererseits sinkt U_{CE}. Die Folge ist eine Verzerrung der negativen Sinushalbwelle. Abhilfe: R2 verkleinern oder R1 vergrößern.

Abb. 4.18

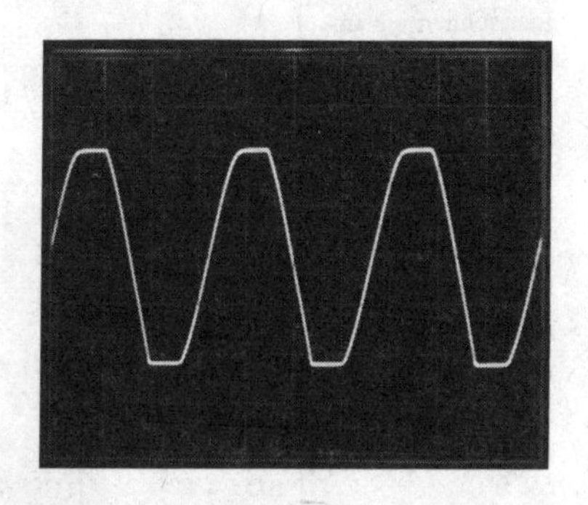

Möglichkeit 3 (die richtige!):

Nach *Abb. 4.18* soll bei gerade einsetzender Übersteuerung diese im positiven und negativen Kollektorspannungsgebiet gleichmäßig einsetzen.

Was soll's nun, wenn der Oszillograf fehlt? Dann prüfen Sie in Abb. 4.15 nach dem Austausch, ob die Spannung $U_{CE} + U_{RE} = U_{RC}$ ist. Das ist zwar eine „Faustmethode", aber sie führt ziemlich nahe ans Ziel. Wir können auch evtl. einfacher sagen: $U_{RC} = U_{CE} + U_{RE} \cong \frac{U_B}{2}$. Machen Sie im Zweifelsfall lieber U_{RC} kleiner. Womit? Durch Ändern des Kollektorstromes mit R1 und/oder R2 in der oben beschriebenen Weise.

Hier sind Tips für Ihre Universaltypen.

Art	NPN	PNP	Gehäuse	Abb. 1.19 PIN-Belegung
Germaniumdioden Siliziumdioden	AA 143, AA 144 1 N 914, 1 N 4148	–	–	–
Kleinsignaltransistoren (Nf-Gebiet) A-B-C-Typen	BC 107, BC 108, BC 182	BC 177, BC 178, BC 212	TO 18 TO 92	d b
Rauscharme Vorverstärker A-B-C-Typen	BC 109	BC 179	TO 18	d
Universelle TO 39-Typen (kleine Endstufe oder Treiber)	BC 140, BC 141	BC 160 BC 161	TO 39	e
Darlington (kleine Leistung) ca. 40 W	BD 331	BD 332	SOT 82	g
Darlington (große Leistung) ca. 60 W	BD 643	BD 644	TO 220	h
Hf-Transistoren	BF 115, BF 255	–	TO18, TO92	f c
Feldeffekttransistor (Sperrschicht) A-B-C-Typen	BF 256, BF 245	–	SOT 54	a
Leistung (Arbeitspferd)	2 N 3055	–	TO 3	i

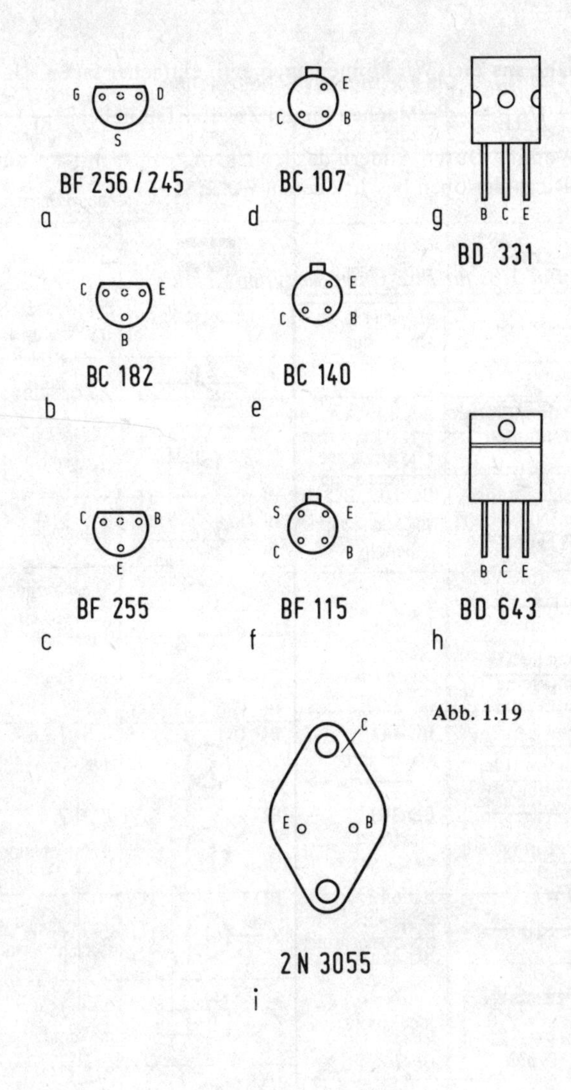
G
D
S
BF 256 / 245
a
E
C
B
BC 107
d
g
B C E
BD 331
C
E
B
BC 182
b
E
C
B
BC 140
e
C
B
E
BF 255
c
S
E
C
B
BF 115
f
B C E
BD 643
h
C
E
B
2 N 3055
i
S = Gehäuseschirmung

Abb. 1.19

Anhang

Die wichtigsten Schaltzeichen

Symbol	Erläuterung	Symbol	Erläuterung
	Widerstand allgemein		Hf-Spule-abstimmbar
	(Poti) veränderbar		Trafo
	(Trimmer) einstellbar	A K	Diode A (Anode) K (Katode)
	Fotowiderstand		Kapazitätsdiode
ϑ	PTC/NTC temperaturabhängig		Zenerdiode
	VDR spannungsabhängig		Fotodiode
	Kondensator		Lumineszenzdiode (LED)
	Drehkondensator	B C E	NPN-Transistor
	Trimmer-Kondensator		PNP-Transistor
+ +	gepolter Elektrolytkondensator		Fototransistor
	ungepolter Elektrolytkondensator	G D S	FET-Sperrschicht-N-Kanal
	Induktivität	G D B S	FET-JG-N-Kanal
	Hf-Spule mit Kern	G1 G2	Dual-Gate-N-Kanal-FET

Die wichtigsten Schaltzeichen

Symbol	Erläuterung	Symbol	Erläuterung
	Lampe	A, B, &, $\bar{Q}$	NAND-Stufe
− +	Batterie	A, B, ≧1, Q	OR-Stufe
	Foto-Element	A, B, ≧1, $\bar{Q}$	NOR-Stufe
	Ein-Aus-Schalter	A, B, =1, Q	EX-OR
	Umschalter	A, B, =1, $\bar{Q}$	EX-NOR
	Antenne		Schmitt-Trigger
	Erde	Phonotechnik	
	Masse		Mikrofon
+ −	Operationsverstärker		Lautsprecher
Digitaltechnik			Tonabnehmer
A, ▷, Q	Lampentreiber (Buffer)		Tonkopf ← Aufnahme → Wiedergabe
A, ▷, $\bar{Q}$	Inverter		Kombikopf
A, B, &, Q	AND-Stufe		Löschkopf

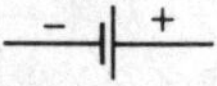

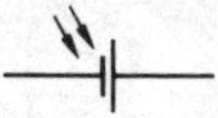

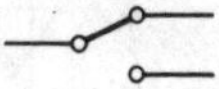

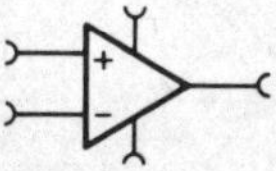

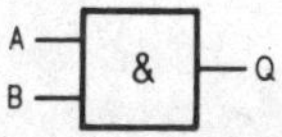

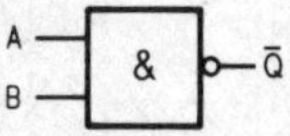

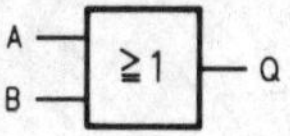

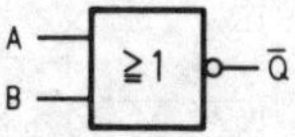

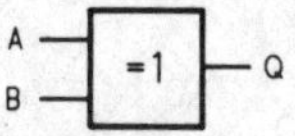

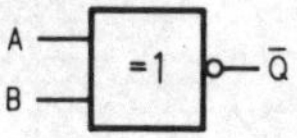

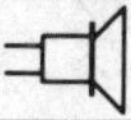

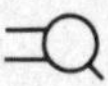

Das ohmsche Gesetz im Diagramm

Nomogramm für die Beziehungen $U = I \cdot R$; $P = I^2 \cdot R$; $P = U^2/R$ [W] für: [V] [mA]
[µW] für: [mV] [µA]

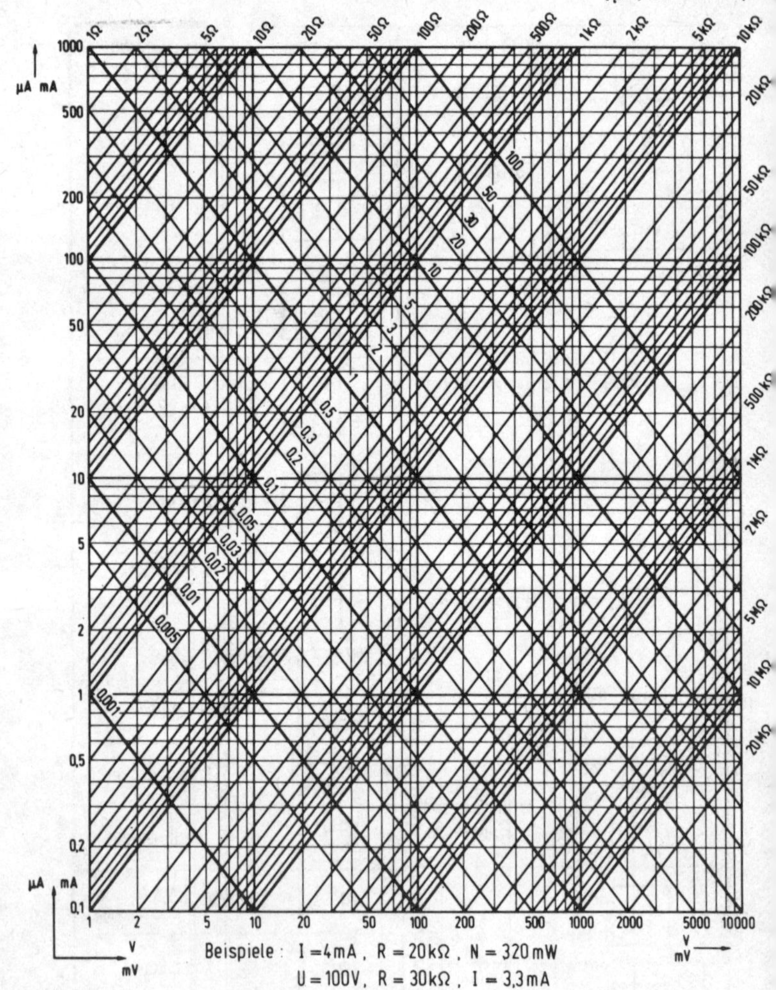

Beispiele: I = 4 mA, R = 20 kΩ, N = 320 mW
U = 100 V, R = 30 kΩ, I = 3,3 mA

P (Leistung)

R

I

U

Der Farbcode

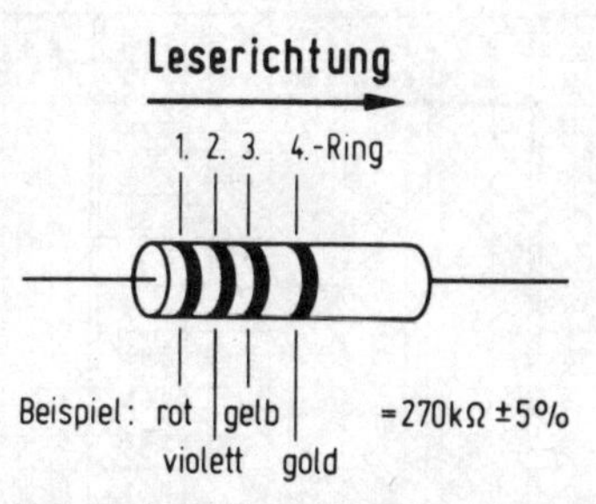

3.-4. Ring erkennbar durch Abstand
1. Ring Zählanfang erkennbar am Abstand zum Anschluß

Farbe	1. Ring	2. Ring	3. Ring	4. Ring
keine	–	–	–	± 20%
silber	–	–	10^{-2}	± 10%
gold	–	–	10^{-1}	± 5%
schwarz	–	0	10^{0}	–
braun	1	1	10^{1}	± 1%
rot	2	2	10^{2}	± 2%
orange	3	3	10^{3}	–
gelb	4	4	10^{4}	–
grün	5	5	10^{5}	± 0,5%
blau	6	6	10^{6}	–
violett	7	7	10^{7}	–
grau	8	8	10^{8}	–
weiß	9	9	10^{9}	–

E-Reihen bei Bauelementen

E 6 ±20%	E 12 ±10%	E 24 ± 5%	E 48 ± 2%	E 96 ± 1%	E 6 ±20%	E 12 ±10%	E 24 ± 5%	E 48 ± .2%	E 96 ± 1%	E 6 ±20%	E 12 ±10%	E 24 ± 5%	E 48 ± 2%	E 96 ± 1%
1.0	1.0	1.0	1.00	1.00	2.2	2.2	2.2		2.21	4.7	4.7	4.7		4.75
				1.02				2.26	2.26				4.87	4.87
			1.05	1.05					2.32					4.99
				1.07				2.37	2.37			5.1	5.11	5.11
		1.1	1.10	1.10			2.4		2.43					5.23
				1.13				2.49	2.49				5.36	5.36
			1.15	1.15					2.55					5.49
				1.18				2.61	2.61		5.6	5.6	5.62	5.62
	1.2	1.2	1.21	1.21					2.67					5.76
				1.24		2.7	2.7	2.74	2.74				5.90	5.90
			1.27	1.27					2.80					6.04
		1.3		1.30				2.87	2.87			6.2	6.19	6.19
			1.33	1.33					2.94					6.34
				1.37			3.0	3.01	3.01				6.49	6.49
			1.40	1.40					3.09					6.65
				1.43				3.16	3.16	6.8	6.8	6.8	6.81	6.81
			1.47	1.47					3.24					6.98
1.5	1.5	1.5		1.50									7.15	7.15
			1.54	1.54	3.3	3.3	3.3	3.32	3.32					7.32
				1.58					3.40			7.5	7.50	7.50
		1.6	1.62	1.62				3.48	3.48					7.68
				1.65					3.57				7.87	7.87
			1.69	1.69			3.6	3.65	3.65					8.06
				1.74					3.74		8.2	8.2	8.25	8.25
			1.78	1.78				3.83	3.83					8.45
	1.8	1.8		1.82		3.9	3.9		3.92				8.66	8.66
			1.87	1.87				4.02	4.02					8.87
				1.91					4.12			9.1	9.09	9.09
			1.96	1.96				4.22	4.22					9.31
		2.0		2.00			4.3		4.32				9.53	9.53
			2.05	2.05				4.42	4.42					9.76
				2.10					4.53					
			2.15	2.15				4.64	4.64					

Dezibel-Werte

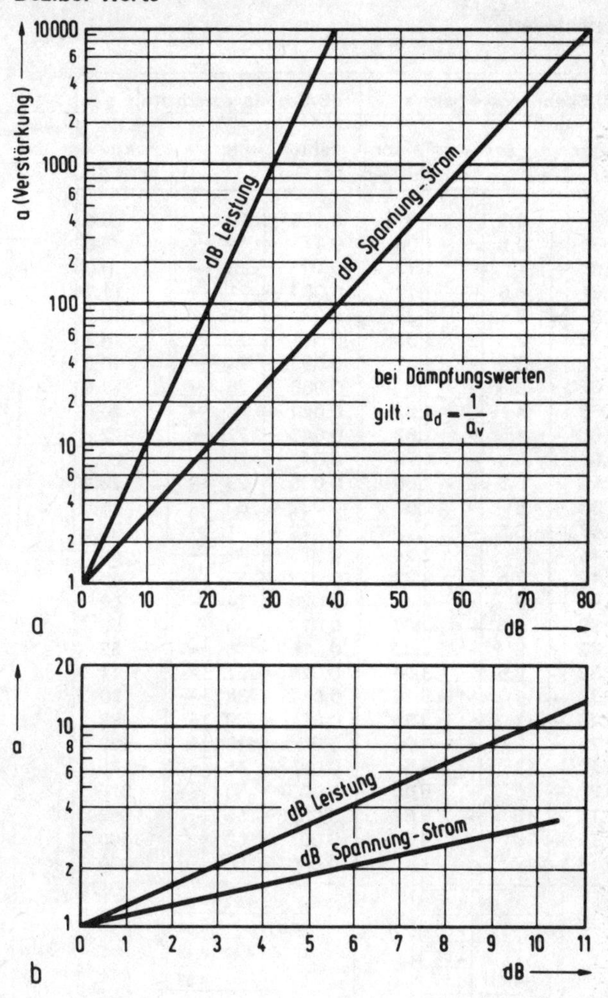

U₁ → Verstärkung/ Dämpfung → U₂ $\quad \frac{U_2}{U_1} = a$

$a \geqq 0$ Verstärkung
$a \leqq 0$ Dämpfung

Dezibel-Werte

dB/Spannungsverhältnis			dB/Spannungsverhältnis		
Faktor bei – dB	dB	Faktor bei + dB	Faktor bei – dB	dB	Faktor bei + dB
1,0	0,0	1,0	0,125	18	8,0
0,94	0,5	1,06	0,11	19	8,9
0,89	1	1,12	0,10	20	10,0
0,84	1,5	1,19	0,089	21	11,2
0,8	2	1,25	0,08	22	12,5
0,75	2,5	1,33	0,071	23	14,1
0,71	3	1,41	0,063	24	16,0
0,67	3,5	1,5	0,056	25	17,8
0,63	4	1,6	0,050	26	20,0
0,6	4,5	1,67	0,045	27	22,4
0,56	5	1,78	0,04	28	25,0
0,53	5,5	1,88	0,035	29	28,2
0,50	6	2,0	0,032	30	31,6
0,47	6,5	2,12	0,028	31	35,5
0,45	7	2,24	0,025	32	40
0,42	7,5	2,37	0,022	33	45
0,4	8	2,5	0,020	34	50
0,38	8,5	2,66	0,018	35	56
0,35	9	2,82	0,016	36	63
0,33	9,5	3,00	0,014	37	71
0,32	10	3,16	0,0125	38	80
0,28	11	3,55	0,011	39	89
0,25	12	4,00	0,01	40	100
0,22	13	4,5	0,0056	45	178
0,2	14	5,00	0,0032	50	316
0,18	15	5,62	0,0018	55	562
0,16	16	6,3	0,001	60	1000
0,14	17	7,1	0,0001	80	10000

Blindwiderstände und Resonanzpunkte

Resonanz wenn bei f_o: $X_C = X_L$; $(\omega L = \frac{1}{\omega C})$.

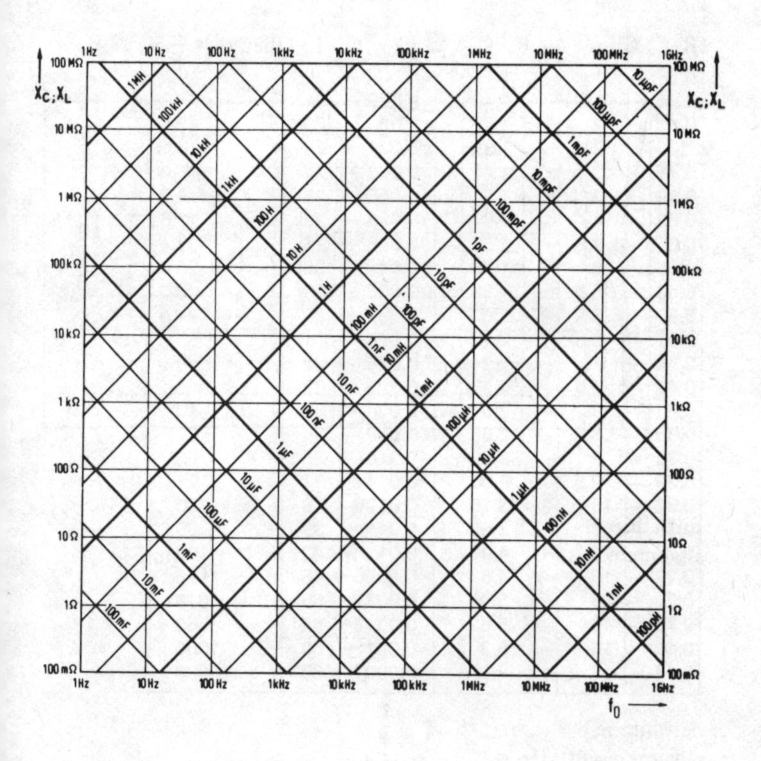

Zeitkonstante bei R-L-C-Gliedern

Wird ein Widerstand nach dem nebenstehenden Bild mit einem Kondensator oder einer Spule in einem Stromkreis verbunden, so ergeben sich die folgenden Zeitrechnungen mit der Zeitkonstanten τ:

(R–C) Glied: $\tau = R \cdot C$ (s,Ω,F) ; (R–L) Glied: $\tau = \frac{L}{R}$ (s,Ω,H)

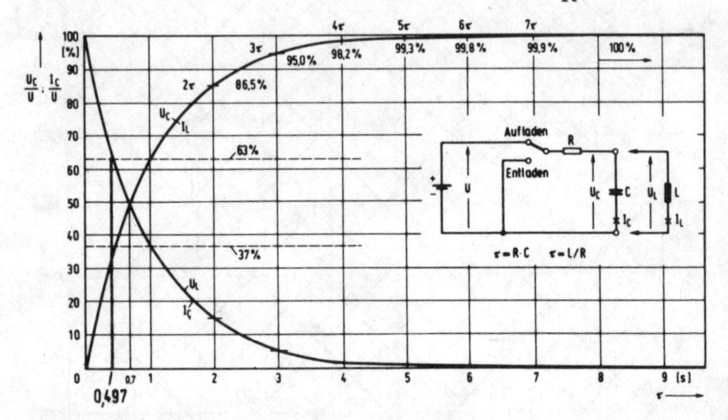

Entladung:

allgemein gilt: $U_C = U \cdot e^{-\frac{t}{\tau}}$ sowie $t = \tau \cdot \ln \frac{U}{U_C}$ und

$$\frac{U_C}{U} = e^{-\frac{t}{\tau}}$$

Aufladung:

allgemein gilt: $U_C = U(1 - e^{-\frac{t}{\tau}})$

sowie $t = \tau \cdot \ln \frac{1}{1 - \frac{U_C}{U}}$ und $\frac{U_C}{U} = (1 - e^{-\frac{t}{\tau}})$.

Die Slew-rate beim Operationsverstärker

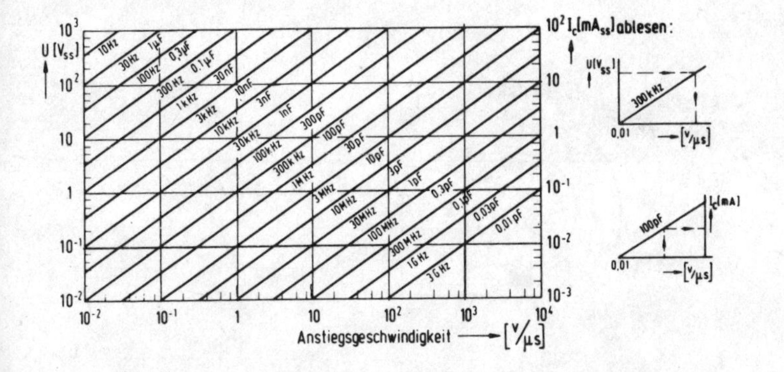

Beispiel: Bei einer geforderten Ausgangsspannung von 10 V_{ss} und einer Frequenz von 100 kHz ist eine „slew rate" von 3 V/µs erforderlich.

In der gleichen Tabelle ist der erforderliche Ladestrom eingezeichnet, der bei gegebener Kapazität die gewünschte „slew rate" realisiert. Auch dafür ein Beispiel: Bei einer „slew rate" von 0,6 V/µs und einer Kapazität von 300 pF ist ein Ausgangsstrom von mindestens 200 µA erforderlich.

Zählrichtung bei Bauteilen

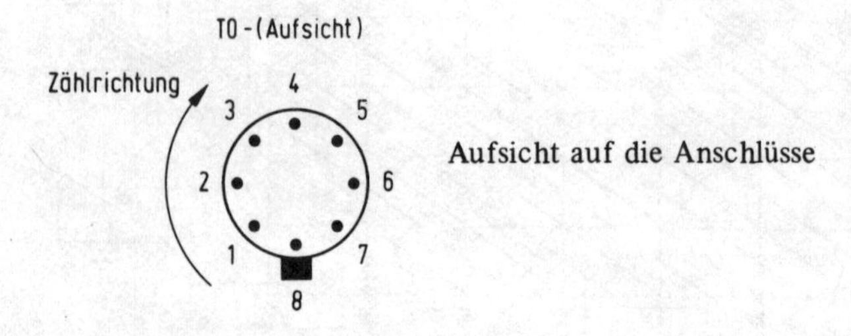

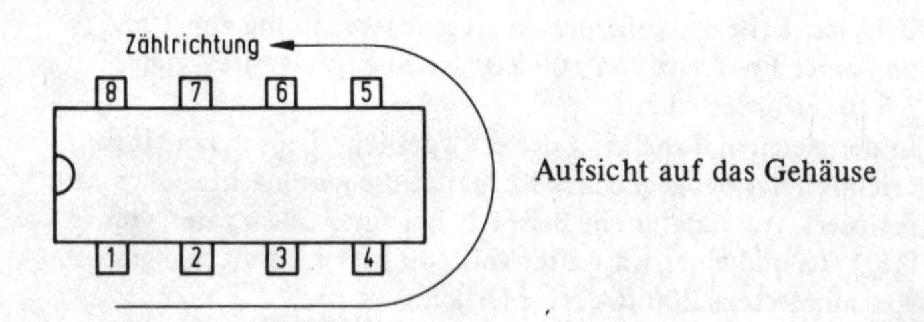

Wichtige Bau- und Sockelschemen

JEDEC TO - 3

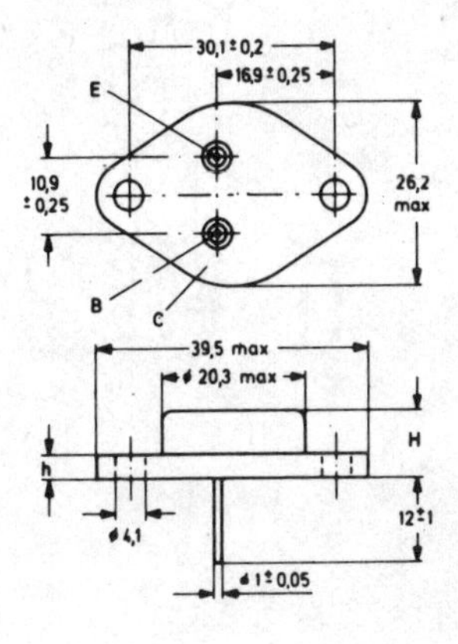

DIN 9 A 2 SOT 9

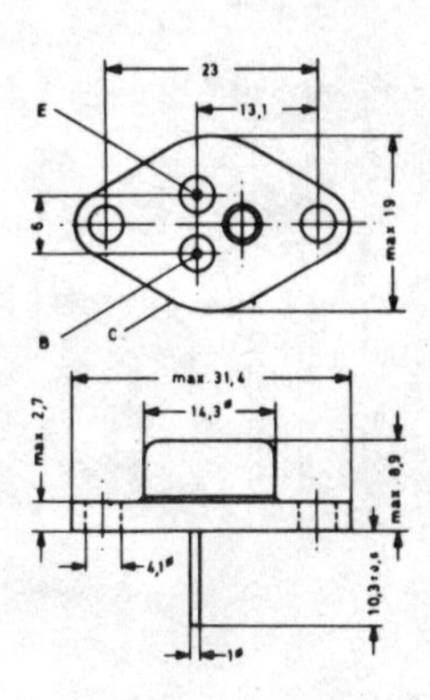

JEDEC TO - 18
DIN 18 A 3

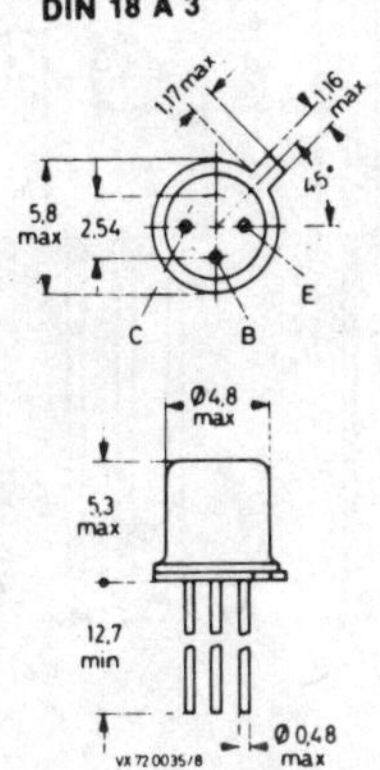

JEDEC TO - 39
DIN 5 C 3

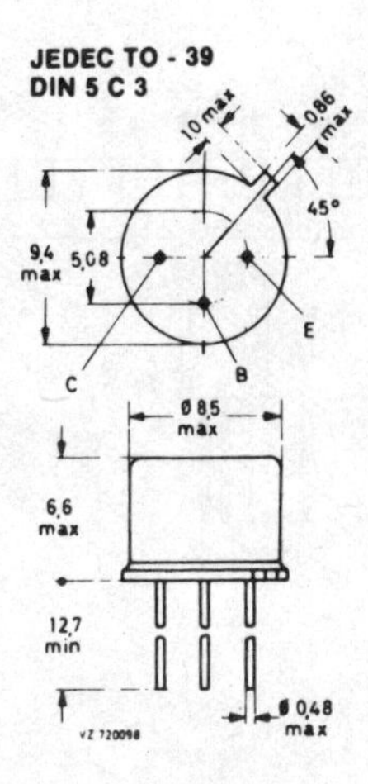

Wichtige Bau- und Sockelschemen

SOT - 42

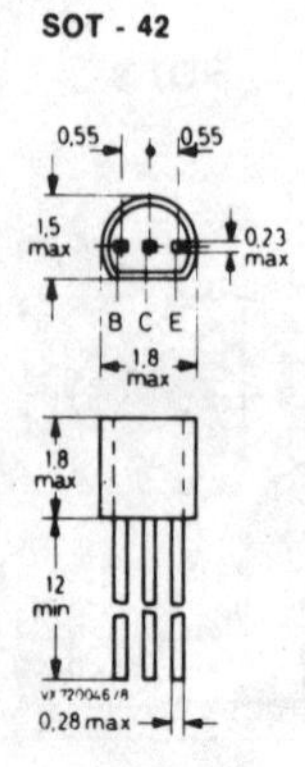

SOT - 25

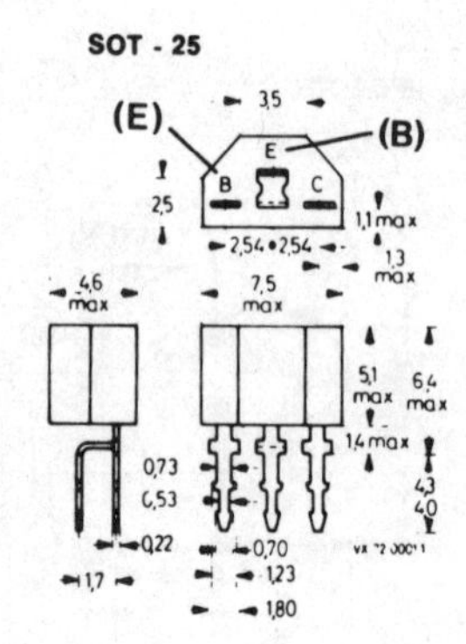

JEDEC TO - 92

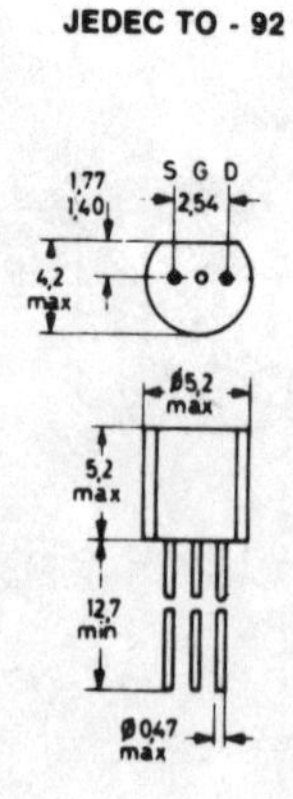

JEDEC TO - 126
(SOT - 32)

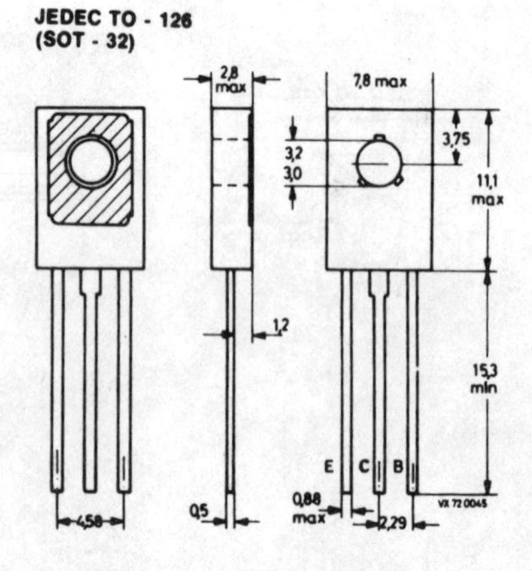

Wichtige Bau- und Sockelschemen

JEDEC TO - 220

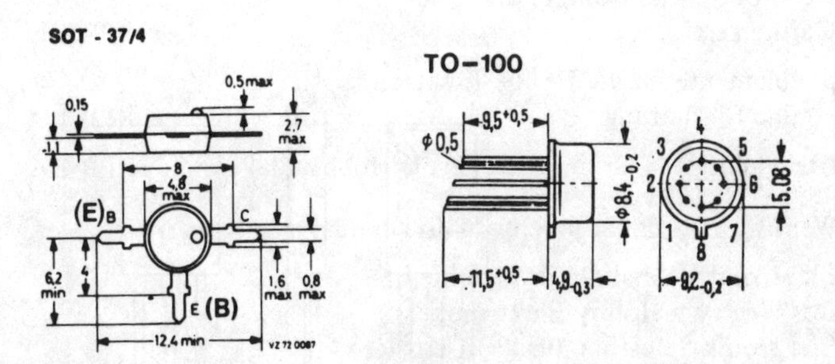

Schluß

... mit diesem Thema. Aber damit sind wir an sich noch nicht so ganz am Ende dessen angelangt, was wir für unser Hobby wissen sollten. Genau genommen müßten wir uns jetzt einmal überlegen, was denn noch für interessante Gebiete für uns offen geblieben sind.

Im Franzis-Verlag habe ich für Sie auch noch geschrieben:

Der Hobby-Elektroniker lernt messen	RPB 4
Elektronische Bauelemente – einfach geprüft im Hobby-Labor	RPB 102
Der Hobby-Elektroniker prüft seine Schaltungen selbst	RPB 110
Der Hobby-Elektroniker ätzt seine Platinen selbst	RPB 56
Bauelemente für die Hobby-Elektronik ... eine Einführung	RPB 118
Die wichtigsten Grundlagen für die Hobby-Elektronik	RPB 152

Wer es umfassender möchte, sollte einmal nachlesen in:

Elektronik – leichter als man denkt
Der Weg zum Hobby-Elektroniker
Elektronik-Selbstbau für Profi-Bastler
Das Hobby-Labor für den Profi-Bastler
Der Hobby-Elektroniker greift zum IC
Digitaltechnik in der Hobbypraxis
... und in dem „Werkbuch Elektronik"

Sehen Sie sich's mal an!

Hinweis:

Diese Texte sind dem Band Nührmann „Der Weg zum Hobby-Elektroniker" entnommen (Kap. 8-9.4). Die Kapitel 3 und 4 sind aus dem RPB 129, „Tips und Schliche".

Was halten Sie von diesem Buch?
Das würden wir gerne wissen.
Setzen Sie bitte ein paar Stichworte auf! Danke!

Buchtitel
und Urteil

Allg. Hinweis
KD.-
Klass. Ziffer

Kasten bitte freilassen

Fachgebiete, die mich interessieren:

- ☐ Hobby-Elektronik
- ☐ Elektroakustik
- ☐ Unterhaltungs-Elektronik
- ☐ Professionelle Elektronik
- ☐ Computerpraxis
- ☐ Amateurfunk
- ☐ Elektrotechnik
- ☐ Nachrichtentechnik

Auf dieses Buch wurde ich aufmerksam durch:

- ☐ Prospekt
- ☐ Besprechung
- ☐ Schaufenster
- ☐ Anzeige
- ☐ Empfehlung

Name, Vorname

Beruf

Straße

PLZ, Ort

Hiermit bestelle ich
aus dem Franzis-Verlag:

Bücher:
bitte die ISBN-Nr. ergänzen:

ISBN-Nr.
3-7723- ____________________

3-7723- ____________________

3-7723- ____________________

3-7723- ____________________

___ Verlagsverzeichnis (kostenlos)

___ RPB-Katalog (kostenlos)

Lieferung durch die Buchhandlung:

____

Wenn keine Firma eingesetzt, bitte an umseitige Adresse

bitte als
Postkarte
frankieren

Franzis-Verlag
GmbH
Werbe- und Vertriebs-
abteilung Bücher
Postfach 37 01 20

8000 München 37

Weitere Informationen aus allen Bereichen der Elektronik finden Sie in unseren Zeitschriften.
Eine Kurzbeschreibung der einzelnen Zeitschriften ersehen Sie auf der Rückseite dieser Karte.

Kennenlern-Angebot

Ich möchte Ihre Zeitschrift (nachstehend angekreuzt) unverbindlich kennenlernen. Bitte übersenden Sie mir dazu kostenlos die beiden neuesten Ausgaben. Diese Hefte kann ich in jedem Fall behalten. Ich werde beide Hefte prüfen und Sie 10 Tage nach Erhalt des 2. Heftes benachrichtigen, wenn ich Ihre Zeitschrift nicht regelmäßig lesen möchte. Wenn Sie nichts mehr von mir hören, möchte ich Ihre Zeitschrift abonnieren:

ab: ____________

___ **ELO**
Jahresabonnement, 12 Hefte,
39,60 DM im Inland,
48,-- DM im Ausland.

___ **Elektronik**
Jahresabonnement, 26 Hefte,
115,20 DM im Inland,
138,-- DM im Ausland

___ **Funkschau**
Jahresabonnement, 26 Hefte,
96,-- DM im Inland,
118,80 DM im Ausland.

___ **mc**
Jahresabonnement, 12 Hefte,
60,- DM im Inland,
66,- DM im Ausland

Senden Sie die Hefte an folgende Anschrift:

____
Name/Vorname

____
Beruf

____
Straße

____
PLZ, Ort

____
Datum, Unterschrift

In den genannten Abonnementspreisen sind sämtliche Nebenkosten, einschließlich Porto, enthalten. (Preis Stand 1983).
Die Kündigung ist jeweils 8 Wochen zum Kalenderjahresende möglich. Die Abonnementsgebühr ist nach Erhalt der Rechnung fällig.

RPB

Hö/Zv/383/753/200'